嬉‧生活
Chic 022
高寶書版集團

AD
教你
變型男

瘦身 X 穿搭 X 保養 X 時電生活

Contents

PART 1

Just do it！
我要變有型/
你的穿著也是街景的一部分

PART 2

Body & Health
AD 減肥法/
小時候的胖就是胖

PART 3

Fasion & Style
AD 的穿搭奧義/
人不只要衣裝，還要注重自己的穿搭

基礎篇

進階篇

我想如果用「人有著無限可能」來形容這一切是再適合
不過了，其實一開始我也是一個完全不懂打扮、不懂
穿衣品味的人，可以說是非常不修邊幅到簡直邋遢的程
度，整體甚至比一般人還要糟糕，完全沒想過打扮這回
事，但因為經歷過一些轉機，才漸漸有了改變。

當時男生的資訊也不甚發達，只能靠自己慢慢觀察摸
索，經過不少的嘗試，也總算慢慢有些心得，甚至也意
外的成為我現在主要的工作，從原本工業設計轉換跑
道，到今天以服飾流行產業為工作，而今天有榮幸可以
推出這本書，在這跟你們分享其中巨大的轉變，也是始
料未及的事情。

每個人都可以讓自己更好，雖然內在是人們視為最重要
的要素，然而外在卻是給人第一眼直接印象的關鍵，裝
扮自己除了是種禮貌，也是個人生活態度的表現。

設計大師 Yves Saint Laurent 曾說過**「我們活在什麼世
界，便穿著什麼樣子」**，而另一位設計大師龐克教母
Vivienne Westwood 也說過**「如果你穿著令人印象深刻的
服裝，你的生活將更為美好」**，由此可知穿著合宜的服
裝，對自己或是別人都會有好的印象的，甚至在求職或
是人際上也可以有顯著的加分。

回顧過去來說，以前從未想像自己能夠跟流行扯上邊，
總是不注重外表，也從沒想過在外型下功夫，或是為自
己多做些改變，這種將就的心態伴隨著我很多年，直到
一個契機才讓我發現原來自己也能做到，進而想挑戰看
看自己的極限到底在哪邊？
第一步就是開始減肥瘦身改變，真正的開始注意並認識

自己，重新檢視從頭到腳的所有細節，並將打扮這件事情融入到自己的生活當中，而 2005 年開始在部落格的寫作，也是今天能推出這本書的契機之一，剛開始也只是分享心得記錄生活點滴，順便一起記錄每天的穿搭照片，沒想到得到許多網友迴響，所以漸漸整個部落格變成以分享流行資訊為主，至今也累積了快五百萬的瀏覽人次，提供不少初次想改變自己的網友，一些參考學習的方法，甚至還有電視台來採訪我的大變身經過，這些都是很有趣的經驗。

而這本書會濃縮整理出，如何讓自己更好的方法，也希望透過這本書能讓你更加認識自己，找出自己的優點，穿出自己的味道，自己的風格。

推薦序

認識 AD 黃建耀

時尚潮流圈總是充滿無限驚喜,初次見到 AD 是在東區的街頭,擦身而過,覺得這個
大男孩很潮,穿衣服很有個人特色.算是型男一枚,不過型男的背後原來有那麼一
段艱辛的過程。

haha!!
只能說天底下沒有醜男人只有懶男人,很佩服 AD 的毅力與耐力.減肥的確不是一
件容易的事,很多人常常會半途而廢~~而 AD 黃建耀不但成功了,還出書與大家分
享~~真的很替他開心!!
成為型男並不難,而是看你有沒有恆心跟毅力,朝著目標前進,真的會發現
身邊的人事物都變得美好~~~

劉大強
知名造型師

part **1** Just do it! 我要變有型

你的穿著也是街景的一部分

在 2006 年的時候第一次去了日本旅遊，除了讚嘆美麗的街景跟舒適的逛街環境之外，對滿街都像雜誌走出來的型人感到吃驚不已，於是，我注意到每個人的穿著是如此地賞心悅目，彷彿跟街景融合成一幅好看的畫作一樣！這個衝擊讓我了解到重視自己的穿著這回事，不僅可以讓自己開心，街上的人看到也是非常舒服的，所以從那時開始，出門也都會要求自己要整理到位，也讓自己是好看街景的一部分，而各位朋友該怎開始呢？這邊就開始為大家介紹吧！如何開始改變自己！

第一步 心理建設

何謂型男？

在過去對男性的稱讚，大概只有帥哥之類的字眼，帥哥似乎只要一張帥臉就可以，先天決定的因素太大，除非大刀整修門面，或是砍掉重練，不然可能一輩子都跟帥哥扯不上邊。

但現在開始可以不用這麼感嘆先天的條件不足了，最近當道的是型男這個字眼，這一個名詞則是近年來才崛起的稱號，簡單來說型男不一定是天生的帥哥，不過卻是有著個人獨特的風格，而這是可以從很多方面去塑造而成，並且由內而外所散發出來，開始注重自己是最快的方法之一，再涉獵各方面的知識，漸漸塑造個人風格而成，雖然感覺好像有很多繁雜的步驟，但卻是可以靠後天去補足，即使長得不帥，但你有個人特色風格也可以被人稱作型男！這對普羅大眾實在是一大福音啊！先天不足可以靠後天加強，只要有心人人都可以當型男啊！只要想要你也可以！

而個人風格的塑造，對邁向型男之路是非常重要的，「Fashions fade，
Style is eternal」，設計大師 Yves Saint Laurent 這句話告訴我們，並不是要
無限地去追尋流行，而是必須去吸收轉化後，找尋適合自己的，走出自己
的風格，但流行的元素百百種，但不是每個都適合自己，別人穿起來好看，
不見得套用在自己身上就可以，所以認識自己的優勢跟缺點就很重要了，
穿適合自己的打扮，也會讓整體更加分！

除了對外在的注重，內在的提升也是需要的，可以多閱讀涉獵各方不同的
知識及事務，增加自己的知識與深度，都可以對自己有所提升喔，趕緊往
型男之路邁進吧！

第二步 認識自己

體態

每個人天生的體型一定會有所不同，高矮胖瘦、扁身寬身或是骨架大小之分。
但應該少有人會覺得肥胖是好看的，且肥胖也是危害健康的主因之一，所以我們能做的就是維持體態，不管是運用減肥或是健身等等，都是讓自己的體態更好的方法，也能讓自己外在保持在最佳的狀態。

我想應該很多朋友跟我一樣，也曾經是或是現在還是，一群曾歷經瘦到肥胖的朋友吧！或許在小時候就是受不了零食的誘惑，或是爸爸、媽媽照顧得太好等其他因素，以致從小就養成肥胖的體態

而我就是最好的例子！總共胖了 24 年的時光，胖子這暱稱跟了我好幾十年，幾乎是揮之不去的程度，也從沒想過會有擺脫它的一天，但沒想到自己卻成功的瘦下來了，這邊就來分享給各位朋友看看，另外也給各位朋友鼓勵一下，我都可以做到了想必你們一定也可以的。

個人肥胖轉變史

從小我的食量就相當地好，加上又愛吃速食關係，國小開始在班上就是相當有「份量」的前幾名，也常因為身材問題遭到一些嘲笑，在心裡也蒙上自卑的陰影，不過還是依然阻止不了我的食慾，在越吃越多的惡性循環下，也不愛運動流汗，甚至胖到連媽媽都把食物藏起來不讓我繼續吃下去，衣服也都只能買大尺寸的，簡直到了相當誇張的程度。自己大學雖然是就讀設計系，照理說應該要注重外表美感一下，但是因為胖的關係，對自己是相當的沒自信，所以也不可能去花心思在打扮上面，心裡總覺得怎穿都不好看，一直以來也都是穿著媽媽買的衣服，且又念男校的關係，完全不在意外在的整理，甚至短褲拖鞋就去上課了，相當的邋遢，同學甚至給我取了一個流浪漢的外號！漸漸地也覺得自己這樣沒什麼不好，反正不用去注重穿著，也沒有任何動力去改變這一切，還會認為同學為什麼要花錢在打扮上面，還不如拿去買電動比較實際，自己可是走內在美路線的呢！

這樣的生活一直到了當兵才出現了改變，也是人生中一個很大的轉變契機，入伍的時候是將近 90 公斤的體重，跑三千總是跑最慢，單槓也拉不起來，但因為當兵新兵訓練的操練，每天運動以及沒辦法隨意吃零食及喝飲料的關係，一個月內就瘦了 7 公斤左右，體能也漸漸跟得上同梯，而最意外的是新訓放假回家看鏡子才驚覺自己不一樣了，所以就下定決心開始減肥，運用最原始也是最有效的運動方法：少吃多運動，再加上雜誌看到的蛋白質減肥法，也就是減少澱粉的攝取量，渴了就喝水完全不碰澱粉，這兩種減肥法下去雙倍執行，雖然這過程真的很苦，常常會有嘴饞的時候，看著同梯上營站吃零食相當羨慕，但是心中有了堅定的念頭，想挑戰自己的極限在哪裡，讓朋友看看不一樣的自

己的意念，堅持跟信念這真的是減肥過程中很重要的一點！

大約半年的時間，體重就降到 67 公斤左右了，這時就很明顯的感覺到以前的衣服都變寬鬆了，有天逛街我竟然鼓起了勇氣，踏入了以往都不會進去的牛仔褲專賣店，因為總覺得每次都需要拿最大的尺寸，且穿出來兩條腿都像塞香腸一樣，常常會自卑地覺得店員是不是在笑我，但我這次試穿了一條當紅的牛仔褲款型，店員竟然拿了我從未想過的中小尺寸給我試穿，才驚覺到自己再也不用穿大尺碼的牛仔褲，而且相當輕鬆就可以穿上牛仔褲，看起來也相當好看，心裡開心到了極點，也就是從這時開始真正的意識到自己不太一樣了！才去注重穿搭這塊領域，並開始瘋狂的閱讀相當多日本或是台灣的流行雜誌，不斷地想告訴自己一定要更好，一定要改變自己，這也就是改變的開始。

Body&Health
AD 的減肥法

FAT FAT BOY

AD減肥法 🚲
小時候胖就是胖

俗話說小時候胖不是胖，小時候我也這樣想著，想說長大就應該不會胖了吧，不過卻正好相反阿，研究指出小時候肥胖可能就會增加脂肪細胞的數量，以容納更多脂肪，嗯！真的沒錯所以肥胖跟了我24年的歲月，整個青春就這樣度過了，所以當各位覺得自己胖的時候，馬上就要下定決心跟肥胖抗戰，不然就會很容易一直胖下去了。

不過也因為自己胖過，才有今天這機會跟各位朋友分享一些心得，也另外得感謝每個男生應盡的義務-當兵，讓當時的我有著每天規律的生活和三餐、每天的運動以及沒有飲料的生活，這幾種減肥的好習慣，雖然看似簡單，但做到卻不是很簡單，唯有堅持兩個字，因為這真的是最腳踏實地，卻也是最有效的瘦身方法，也讓我一直沿用到現在，除了規律的生活之外，**減肥大概我就是用下列的三個層面下手，大家可以參考看看。**

飲食方面

分食法

當兵一陣子之後，看報導的時候發現了分食法，決定就用這個方式試試看，因為消化系統消化蛋白質跟澱粉是不同時間的，如果混著吃會花比較多時間消化，而如果消化沒有完全，很容易變成脂肪囤積在體內。

所以我就開始不吃澱粉只吃菜跟肉，因為那篇文章說兩者一起食用會造成體內消化速度減慢三倍，所以我就只有在一天活力之源的早餐時正常吃澱粉，而午晚餐之後就只吃菜跟肉，這方法似乎有人不推薦，但是確實對我很有效，也讓我瘦下來了。

另外記住要喝大量的水喔，幫助身體代謝，而當體重下降後，就可以恢復正常的飲食，但不要飲用過量跟注意卡路里就好，體重不太會上升的！

拒絕高熱量實物注意卡路里

油炸、速食、甜食及飲料等等，能不碰就不要碰，那些東西熱量可是高的嚇人，不僅吃不飽且一吃下去很容易就把當天熱量所需量給破錶了，肥胖時期的我曾有三個月天天喝珍珠奶茶 700cc 一杯，結果胖了快十多公斤，知道飲料的可怕了吧！而油炸的食物也是不遑多讓，所以開始減肥到現在我都沒再吃過雞排跟鹽酥雞。

每個人一天都有必須要消耗的卡路里，當減肥的時候一定要對卡路里斤斤計較，當吃的時候都會特別去看一下卡路里，計算一下今天大概攝取了多少，不要超過標準，吃之前都會特別注意想一下，也不會因為一時興起而大吃一頓了，但切記攝取過低不是就會減比較快喔，反而會讓身體沒有基本的消耗熱量，而造成反效果喔！

減肥時的好朋友

在減肥的時候常常都會處於飢腸轆轆的狀態，實在會對食物的克制力降低，恨不得大吃特吃一頓，但如果真的餓到受不了，是不是能吃些什麼卻又不會發胖呢？下面就舉些對我們這種三餐老是在外的朋友，也是能輕鬆購買的食物。

● 高纖無糖豆漿

我要特別強調是無糖的喔！跟有糖的熱量相差蠻多的，而因為這飽足感非常夠，且內含有大量的大豆異黃酮 (Isoflavone)、大豆配醣體 (Saponin) 等成份，可以抑制吸收體內的脂質和醣類，發揮燃燒體脂肪的效果。可以去便利商店買鋁箔包，大約也才一百多卡，相當低的熱量卻有大大的飽足感，而也可以在永和豆漿店說要買清漿也是無糖的豆漿喔！

● 燙青菜

燙青菜在各小吃店一定都有賣,一把的熱量也不會超過 50 卡,而且可以叫店家不要加肉燥那些調味,就可以將熱量控制在相當的低,而青菜的纖維也是飽足感十足。

● 香蕉

含豐富的果膠可以促進排便,而豐富的礦物質和維生素,能快速的補充身體的能量,所以相當多運動員都喜歡吃,飽足感和能量都能一次補齊。

● 蒟蒻

因為完全沒有脂肪,而口感 QQ 的相當有咀嚼感,吸水力很強所以很容易達到飽足感,不過建議不要選加工太多的,這樣熱量會增加不少。

上面的四樣減肥聖品,在超商或是小吃店都能買得到,平常肚子餓的時候,就能很快速方便的解決肚子餓的問題,並且不用煩惱熱量囤積唷!

運動方面

飲食控制之外，另外藉由運動來消耗熱量也是很重要的，雙管齊下絕對沒有減不掉的體重，雖然老套但卻也是最有效的不二法門。

而運動一定要持之以恆，也可以讓身體健康，並讓減肥更順利。運動要注意的就是 333 法則，也就是每週運動 3 次，每次 30 分鐘以上，心跳達到 130 以上。我常做的運動就是慢跑跟游泳等等的有氧運動，不過籃球也是我另外喜歡的運動，在競賽的過程中不知不覺就流了很多汗，運動效果也是不錯的。

另外很多人都會問我，那我瘦這麼多，身上會不會有肥胖紋呢？很慶幸大概是因為有配合運動的關係，所以身上沒有留下肥胖紋的紀錄，也不用再另外想辦法去除肥胖紋，所以現在知道運動很重要吧！千萬不可以懶惰唷！

● 塑身

當自己很開心體重降下來的時後，看著鏡子檢視自己的身材，耶？怎麼還是有些怪怪的地方呢？感覺怎麼自己有些部位，看起來還是特別肉呢？這時候就可以利用一些運動來局部的雕塑身材，來加強瘦下這些局部的肥胖！

● 瘦腿

像我當初瘦下來後，但是腿還是稍嫌有點粗壯，因為當年窄身正夯，如果想要穿比較 skinny 的穿搭，腿還是不夠纖細，所以那時就著重在雙腿的變細運動，主要有幾個方法。

❶. 抬腿

這是相當簡單的運動，可以利用睡前躺在床上時，抬個十幾分鐘，方法就是將雙腿高過心臟靠在牆上，讓血液回流心臟，循環能夠順暢，並也能讓雙腿能夠得到放鬆，拉長改善結實的肌肉，使曲線能更苗條。

❷. 空中踩腳踏車

一樣也是可以利用睡前來做的運動，平躺在床上將雙腿抬起，就像騎腳踏車的動作一樣，只是變成躺著，但也要像真的騎腳踏車一樣畫圓的律動，可以瘦大腿也可以緊實肌肉，效果相當好。

● 瘦小腹

腹部是深層的脂肪，所以非常不好瘦下來，必須要飲食跟運動互相配合，用餐完後不要馬上就坐下，可以走一走順便幫助消化，而運動方面在減肥的過程中我一直有作仰臥起坐的習慣，即使沒練出六塊腹肌，但因為肌肉的鍛鍊，也會減少脂肪的堆積，肌肉增加小腹就不會出現了。

● 瘦手臂

手臂的蝴蝶袖也是非常令人討厭的，這部份也是我比較晚瘦下來的地方，可以運用這運動再配合重量訓練就可以瘦下來喔。

兩腳站約與肩同寬，雙手向外伸直，向前畫圓圈是一組，向後畫圓圈是一組，分別可以鍛鍊手臂外側跟內側的肌肉。

心理方面

毅力

這真的是非常重要的心理層面，晚上 8 點以後我就不會再吃東西了，所以常常都會是餓肚子的狀態，但必須要堅持的拒絕食物的誘惑，朋友同事在吃宵夜，也必須拒絕，雖然美食當前實在痛苦，不過為了更好的未來一定要忍，千萬不可以有那種今天破戒一下，明天再繼續減肥的心態，否則常常這樣破功，一定很難成功。

未來會更好

其實減肥不外乎就是想讓自己更好，請對自己懷抱著夢想，不管是想著要穿好看的衣服，或是要變帥變有型，一定要想著成果會是美好的，反正在怎樣都不會比現在再差了！

自己那時就是想看極限到底在哪邊，所以就非常拼命的堅持，而且只要看到自己可以穿越小尺寸的衣服，就會非常開心，也慢慢建立起自己的穿搭信心。

減肥的過程中也可以自己做個表格定期紀錄，自己體重的變化，除了能避免有怠惰或是疏忽大吃造成體重上升之外，看到體重紀錄越來越下降，絕對是最大的鼓勵，也會更有動力卯足勁繼續瘦身下去。

訪間有很多誇大不實的減肥藥減肥或是其他偏方，千萬不要去相信，有些不是復胖很快不然就是造成身體的負擔，那時就實在得不償失了。

其實這些方法真的是基本到不行，但是效果卻是很持久，瘦下來到現在也沒再復胖過，不過至今我還是嚴守這幾個法則就是了，畢竟好不容易才瘦下來的，一定要努力的維持，只要想著能讓自己更好，一切都是值得的！

part

3

Fashion&Style
AD 的穿搭奧義

AD 的穿搭奧義

人不只要衣裝，還要注重自己的穿搭

雖然一直以來受到的教誨都是內在最重要，外表只是其次要素，但是外表往往是第一眼首先注意到的地方，也常常做為我們評斷的第一要點，第一眼的印象往往影響到很多人與人之間後續的交集，根據調查 66% 主管在面試的時候，特別會注意面試者的外表跟打扮呢，說穿了其實穿搭也是一種拓展人際的工具，所以如果將自己外表稍微整理一下，機會不僅變多了，在第一次與人見面也是能留下良好的印象記憶，讓自己更加分不少。

其實在學習打扮的路上，我也經歷過一段嘗試的時期，不太清楚自己適合什麼，也分不太清楚什麼是好的單品，也因此繳了不少學費，購買了許多不適合自己的衣服，不過這邊就給各位一些我的心得，希望也能減少各位在這階段所白做的工喔！

◆基礎篇

雖說從小就沒有教我們如何把衣服穿得好看的這門課程，但是穿搭卻是富含著配色、風格跟比例等等的學問存在，而這些就有賴於美感方面的 sense 培養，但在我們的教育環境中對美感的訓練是比較不夠的，所以相對套用在搭配上可能就會比較不知所措，對穿衣服這檔事毫無頭緒，變成只是把衣服穿在身上，而忽略一些小細節等等，但其實也只是一些概念的差別，轉換運用之後同樣是穿衣，就會有著完全不一樣的呈現效果了，這邊就為大家稍微的介紹一下。

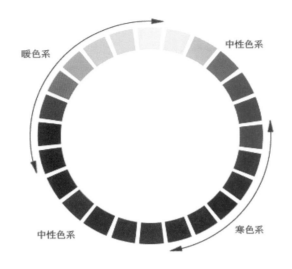

暖色系

中性色系

中性色系

寒色系

配色

生活中有著許多種的顏色，除了視覺上的差別之外，在心理上不同的顏色也會帶給人不同的感受，例如黑色會給人神秘感，紅色會給人熱情感，藍色則是給人沈靜感等等，把這套用在衣服顏色上也是，顏色具備了不同的能量，也是給人最直接的視覺訊息。

大家一定有這種經驗吧！有的時候不知道為什麼今天就想穿這顏色，其實自己已經在選擇衣服顏色中，潛意識不知不覺透漏出訊息，例如今天想要放鬆心情出遊，可能就會選擇淡色或是粉色系，面對重要的會議，可能就會選擇深色系來表現穩重的感覺等等，另外顏色也有著膨脹收縮的視覺效果，例如淺色系就看起來大，深色系就看起小的意思，所以穿著黑色衣服就會比較顯瘦的效果，衣服顏色在選用上也是搭配重要的要素之一。

另外大家在選擇衣服的時候，一定常常挑脫不了那幾個自己喜歡的顏色，或是安全的無彩色的黑或白，不過這樣就少了些變化跟樂趣了，其實只要掌握顏色的訣竅，也可以放心去使用不同或是更多的色彩，帶來更多豐富的穿搭樂趣喔！

顏色三要素

色相、明度和彩度是在顏色中需要被知道的基礎要素，雖然說不用太深入去研究艱深的色彩學的理論，但簡單的知識可以熟悉一下，活用配色穿出自己的色彩。

色相簡單的來說就是顏色的區分，分別像是紅、藍、綠等等這種眼睛看得到色彩的顏色都是有彩色，以及黑、白、灰這種沒有色彩顏色的無彩色，而在色相環中越近的顏色搭配起來比較調和，而對面180度的顏色就是補色，一暖一寒是最強烈的對比，例如黃色補色就是對面的紫色，紅色的補色就是綠色，所以才會有句俗話說「紅配綠，狗臭屁」也正是告訴我們，補色如果比例是對等的，搭配起來視覺上會容易有對立衝突的感覺。

明度簡單來說就是顏色的明亮程度，亮的顏色就是高明度，反之就是低明度，無彩色中白色最高明度，視覺感上會比較清爽，黑色明度最低，視覺感比較沉穩，而在搭配上可以掌握一個重點明度高會有膨脹的效果，明度低則會是有收縮的效果，所以如果想顯瘦的朋友應該都知道該怎麼做了吧。

TIPS 搭配小訣竅

明度低的會有顯瘦的效果，不過也代表會帶給人比較深沉的感覺，如果不想太暗，可以內搭一件明度較高的內搭，整體感就會很不錯唷！

BLACK

PINK

RED

+

NAVY

+

ORANGE

不過其實調整一方顏色面積的大
小就可以了,或是用無彩色的黑
白灰作中間調和,即使像紅配綠
也不會覺得奇怪了。

PURPLE

+

YELLOW

+

BROWN

如圖就是補色的使用正確配色,
所以整個外套就會顯得非常顯
眼,但卻又不會讓人感到不舒服。

彩度簡單來說就是顏色的濃與淡的強弱程度，彩度最高就是鮮豔的純色。彩度高會令人感到刺激炫目興奮，如紅色黃色等等，低彩度則會比較平易近人，如粉色系的顏色。

PINK

PURPLE

↗ 這是在法國的街頭上拍的，很高超的相近色搭配法，雖然粉紅色很高調，但是他運用類似色的搭配使的整體看起來非常的協調。

一般人可能比較不敢嘗試黃色的單品,但是可以選擇彩度較低粉黃,並且利用無彩色的灰色來中和,就會非常的清爽感。

GREEN

+

GRAY

+

YELLOW

其實在顏色搭配上我
有幾個小訣竅，如果
覺得上面提到的那些
還太複雜，先試試看
下面的方法，應該就
可以快速上手。

GREEN

+

GRAY

運用呼應法即使搶眼
的紅鞋，搭配呼應紅
色的法蘭絨襯衫，也
不覺得難以搭配了，
且僅一致性夠也顯得
相當的協調吧！

顏色上下身呼應法

最常使用在鞋子跟衣服顏色的呼應上，不一定要相同的顏色，也可以
是同色系，而因為顏色的呼應，而且占掉身上兩個單品的顏色，就很
容易達到協調的效果，上下身的比重也不會出錯，簡單就能穿出好色
彩搭配。

NAVY
+
BLUE

雖然牛仔褲很多潑漆相當地花，內搭也是滿版重複的圖案，但其實全身謹守的三色理論，只有藍、黑、白三個顏色，所以即使有很複雜圖案的單品也能輕鬆駕馭。

三色理論

越多的顏色要控制的變數就越多，但如果將身上顏色控制在只有三種，就變得很輕鬆容易，所以這相當適合初學者使用，不僅整體會很協調看起來也給人有一致舒服的感覺，簡簡單單就可以穿出好看的配色。

風格

因為文化背景的不同，氣候上的差異等等，使得各國家在穿著風格大不相同，例如美國的休閒舒適，歐洲的簡潔時尚，日本的混搭穿著等等，而我們屬於海島國家，接收各方的資訊非常迅速方便，因此有著許多不同主流的風格在流行著，其實不管是什麼風格都好，但重要的是找出適合自己的個人風格，這在穿搭上是非常重要的，找到適合自己的風格也能更散發個人的獨特味道。這邊也為大家介紹一些男生比較基本好上手的風格。

街頭風格

其實街頭風格涵蓋的範圍蠻廣泛的，要細說歷史可能要長篇大論了，所以在這邊就粗略的把它泛指成一般休閒流行的風格，在一開始接觸打扮這塊的時候，想必很多朋友都跟我一樣都是從街頭開始接觸吧，這邊會比較偏向流行性的單品，而台灣在這塊發展很蓬勃，不管是國內自創品牌或是國外品牌選擇都很多，許多塗鴉或是音樂等等的元素在裡面，很多單品的圖案或是設計都非常強烈，所以在穿搭時候可以就選一樣強烈的單品就好，褲子短褲或是一般直筒褲搭上球鞋和 T-shirt 就很好看了，相當適合平常休閒或是出遊穿著。

哈！這是我 2005 年還在當兵的時候，剛接觸穿搭時候的造型！

簡單穿著直統牛
仔褲加上合身的
T-shirt，注意顏色
跟合身度就可以簡
單搭出街頭味道的
搭配了！

Boys to men 輕正式感

或許當男孩們成年之後，許多人都想要開始散發男人的魅力，宣告自己已經脫離男孩的稚氣，而利用一些正式感單品的成熟味，與休閒單品作混搭，保有休閒跟正式兩個風格的優點作中和平衡，而也因為略帶正式的英挺感，這種搭配也很容易獲得異性的好感度，所以約會時可以善加利用這樣的穿搭。

而輕正式感其實就是運用一些原本是偏正式的單品，例如襯衫、西裝外套、西裝褲、針織衫和皮鞋等等去混搭一些休閒的單品，如圖中沒有搭配成套西裝，而將西裝褲換為牛仔褲，並穿著鮮艷的針織衫的搭配法，運用休閒的單品去中和正式感的嚴肅味道，但然保有些許正式單品的英挺感，而當紅的韓國團體 Super Junior 就是蠻好的參考對象。但要注意的是正式感單品的質感，否則就會看起來還是像休閒的味道，而表現不出輕正感的混搭味了。

↗2005 年時候這就是最佳的錯誤示範，雖然有注意到上下配色，但質感不好的西裝外套反而整體感適得其反，呈現不出輕正式感的質感。

↗一些穿著比較沒有制式規定的工作如設計業廣告業其實也相當適合這樣的穿搭！

比例

我們都知道數學上的黃金比例，長跟寬符合黃金比例，看起來就會很平衡穩定，其實比例也被廣泛的運用在各種生活範圍，例如美術、建築或是服裝上等等，當我們覺得這東西看起來好看，通常它都是有著均衡比例的關係。

穿搭上也是有著比例的要素在，我們不像模特兒一樣天生有著完美比例的衣架子身材，而這時就必須靠著衣服去調整全身身材比例，東方人因為身高及頭骨跟西方人的差異，東方人約 5.5～6 頭身，西方人約 7～8 頭身，通常東方人上半身比較長下半身比較短，西方人則是相反，所以我們稍稍不注意衣服的比例，視覺上可能就會顯得腿短了，而且男生吃虧的是增高鞋墊再怎麼加，也很難比的過女生高跟鞋去調整身材比例的多，所以更是要注意這個部份。而風格的不同也會影響搭配的比例，例如嘻哈風格的寬鬆或是窄身風格的貼身，會因為東西方人天生身材比例不同的關係，有時在風格上也會有所受限，所以不能一味模仿西方穿著。

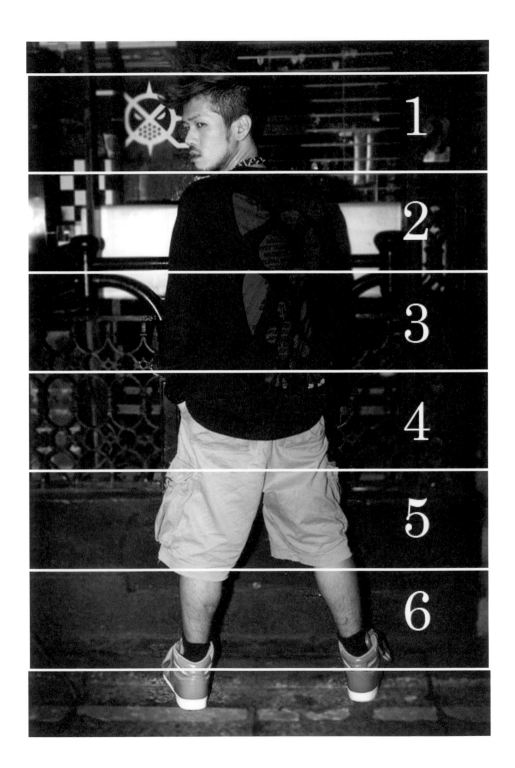

↗像我就是標準的大頭，2008 年時熱衷於 skinny 窄身的穿搭，其實這樣很明顯看得出來，窄褲完全暴露我大頭的缺點，一點修飾的效果的效果都沒有，加上髮型又蓬，活像一根筷子插著貢丸，除非穿著份量感較大的鞋子去上下平衡視覺，不然看起來頭重腳輕很嚴重，窄褲還是適合纖細而頭比例小的朋友穿著。

↗圖中朋友就比較適合 skinny 的穿著，因為頭比例比較小腿又很纖細，而且很聰明的利用鞋墊較高的鞋子增加高度，原本約六頭身的比例，因為鞋子的關係又增高了一些到紅線處，把整體比列又拉高了，而這就是利用衣服去修飾身材以及身高（感謝朋友 NICK 示範，可以猜猜看他實際多高喔！）。

這邊介紹比較中庸的穿搭比例原則，也比較符合一般大眾的審美觀念，接受度也比較高，就是如左圖就是合身而不緊身，約略呈現上合下寬的 5：5 上下身比例，整體感覺是相當舒適的視覺感，也適合一般各種體型，最具修飾效果的比例法則，大頭因為下半身比較寬鬆就中和了視覺感，而腿不夠纖細因為直統褲也可以修飾掉，因而簡單就可以上手，基本的直統牛仔褲搭上合身的 T-shirt，覺得太少可以再搭個格紋襯衫或是項鍊等配件增加層次感去變化，就完成了基本的穿搭。

這兩個上合下寬跟全身窄的對比圖中，髮量其實都是算多的髮型，但左圖這樣的比例頭大的焦點就會被下半身給平均化，而右圖中全身窄可以讓比例看起來修長，但是像我這種頭大一族的朋友可能就比較不適合了，頭不大的朋友就沒有這個問題了。

◆進階篇

搭配要訣

你穿對衣服了嗎？其實衣服領口的不同也是有著大學問在的，在談論上半身的單品之前，先來談論臉型跟領口之間的關係，不同的臉型其實也有著適合的領口喔！這邊就舉例一下髮型書中常見的四種臉型，長形臉、方形臉、圓形臉和倒三角臉。

▲長形臉：
額頭寬度跟下巴寬度相當，臉型左右長度比上下長度小。

▲圓形臉：
看看自己照片中，笑起來整個臉有點偏向圓形，或是下巴比額頭寬。

▲方形臉：
額頭跟下巴比較有角度，也就是俗稱的國字臉。

▲倒三角臉：
下巴特別窄小，臉頰偏瘦，怎麼拍照都不會顯肉的臉型。

▲Ｖ領的衣服會有拉長的效果，所以長形臉是最不適合的，而方圓臉搭配Ｖ領都有修飾的效果，讓臉視覺感變長顯瘦些，倒三角臉則必須靠髮型去修飾過寬的額頭。

▲Ｕ領一樣可以讓圓臉顯瘦，對長臉可以讓脖子顯長些，倒三角臉可以中和寬額頭，所以都具有修飾的效果，但卻會讓方形臉角度顯得更明顯。

▲圓領除了會讓圓臉會看起來更圓之外，對其他臉型來說都是搭配的好夥伴，幾乎都不會出錯，穿它就對了！

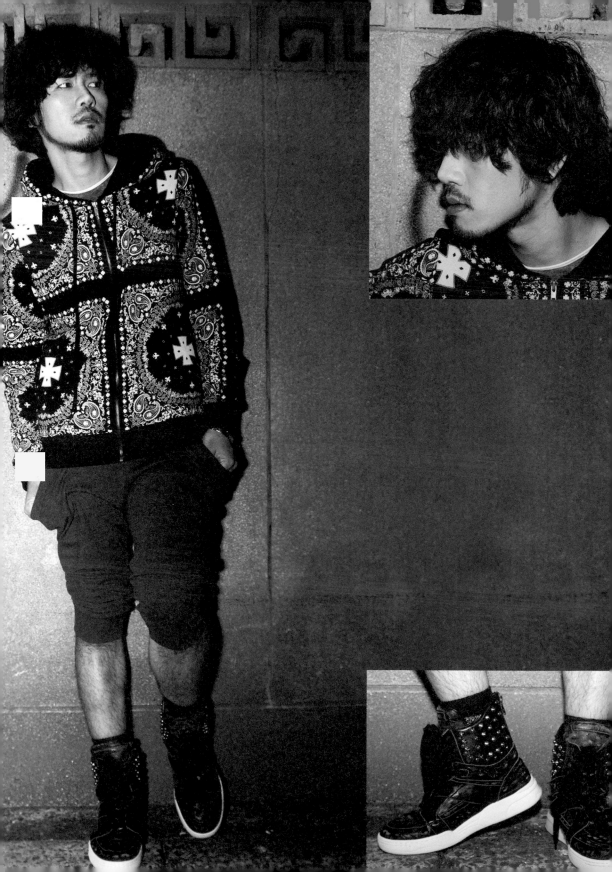

另外在挑選衣服尺寸的時候也是非常重要得選擇，過大或過窄都不太好，建議都拿起來試穿，會比較知道是不是適合自己的尺寸，而網路購物的興盛，有時再看精美的網拍圖時，感覺穿在 model 身上的衣服也太好看了吧！但不要忘記 model 的身材可是精挑細選過的，所以還是要注意一下尺寸喔！建議可以拿自己常穿的衣服量一下尺寸，再對比網拍業者給的尺寸，就知道大約是不是自己可以穿的範圍了。

掌握這基礎的原則後，我們現在就來看看上半身的單品吧！

推薦單品

男生不像女生上身有很多選擇，所以 T-shirt 應該是我們最常穿的單品之一了，我們常看有些型人單穿一件 T-shirt 就非常好看，但其實越簡單越是不簡單，因為單品本身的質感就非常重要，而 T-shirt 的重點除了圖案設計、材質或是顏色之外，版型更是首要選擇條件。

↖文字 T 一直都是不敗的 T-shirt 設計重點，但注意不要是不雅的字句會比較好。

圖案來說文字 logo、人物或數字等等都是蠻常見的設計款式，材質可以選純棉的穿起來會比較舒服，而版型上面除了一般正常版型的 T-shirt 之外，現在也流行很多長版或是 oversize 等等的特殊版型，不過在穿搭難度上就比較多變化性了！

在之前比例篇曾經提到好搭配的原則 "合身而不緊身"，可以作為選擇時條件之一，這比例穿著起來也比較舒適，像我購買 T-shirt 時我都會挑選不要貼身到曲線畢露的程度，抓再略寬一些些的大小，大約就是合身不緊身的 T-shirt 尺寸。

小叮嚀！！

如圖相當簡單的文字 logo T-shirt，如果覺得整體太素，這邊有個小訣竅可以將袖口微微翻起，就可以增加層次感，看起來就比較豐富了。

↖滿版的圖案 T-shirt，因為本身視覺感已經很強烈了，其實單穿就很具注目度，最多再加上項鍊即可。

↖在這邊另外推薦「七分袖 T-shirt」這個單品，因為七分袖的長度在整個視覺的豐富度又會比基本的 T-shirt 更多，穿搭性也更多樣化，另外可以再把七分袖當內搭在另一件基本 T-shirt 裡面，製造兩個不同的顏色的層次感，也就不會顯得上半身太單薄了！

女生比較常見的長版 T-shirt 設計，對男生來說會造成上半身比重比下半身大，所以會顯得腿較短，但可以運用同色系的褲子跟靴子，讓下半身不會再被鞋子和褲子不同色切成兩個色塊，視覺上營造褲子跟鞋子一體的感覺，並且穿略合身的褲子製造修長感，而因為上半身比重比較重，鞋子就必須穿厚重感一點，如靴子等等的來平衡上下半身。

七分袖也可以再外搭一件短袖襯衫，一樣製造內外長短的層次感，除了身體部份外袖子處也可以增加豐富視覺感，而像這個搭配就也是利用之前提到的三色理論，全身只有紅藍白三色，所以即使是很搶眼的亮紅跟寶藍，也因為白色的中和和三色以內，整體就會很協調。

無袖背心

無袖背心也就是俗稱的吊嘎，通常都只是拿來內搭預防外面的衣服髒掉，或是衣服太透明需內搭一件，不然就是居家或是做粗活時使用，不過身材有練過的朋友單穿出門當然是很 OK 的，但像我們一般身材的各位朋友，其實背心也是可以很好運用在穿搭上，可以運用背心來做區別外搭的和內搭的顏色，秋天的時候還可以直接當內搭再套一件薄外套就可以，也不會因為內搭太厚而整體顯得厚重感，可謂靈活度相當的高。

↗圖中就是利用背心當作內搭，再配上輕薄的尼龍外套當作外搭，可自由來應付不冷不熱的天氣。

襯衫應該是男性朋友衣櫃裡除了 T-shirt 之外第二常見的單品，稍具正式感的襯衫除了在上班時候穿搭，下班時候要去跟朋友聚會，也是可以像圖中將袖子捲起，釦子稍微打開幾顆，正式感就會減少些並增添點休閒味道，但正式場合中還是要長袖喔，短袖襯衫都太過休閒了！

襯衫下襬如果是圓弧型的，通常都是設計給紮進褲子裡的穿搭，搭配西裝褲就十分的MATCH，領口跟臉型脖子也是有相對應的關係，臉瘦脖子細可以選擇領幅寬的襯衫，相反則是要選擇領幅窄或是開領，視覺上就可以修飾臉大的缺點。正式襯衫的領口也有著許多不同的選擇，但在一般成衣的襯衫就比較沒變化，在選購的時候要注意！

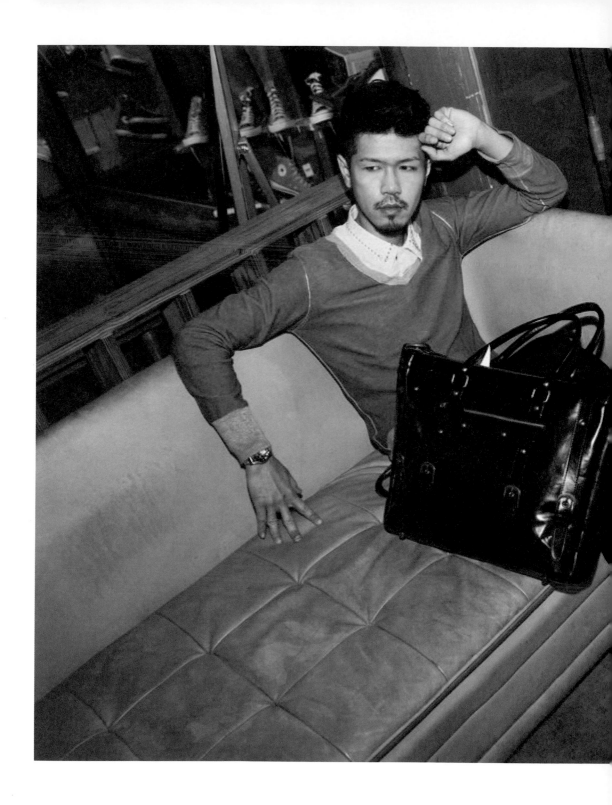

有看過阿飛外傳的朋友一定記得片頭中，裘德洛所說的根本無須害怕粉紅色襯衫的建議吧，片中他用粉紅色襯衫配上藍色西裝，再騎上偉士牌塑造出那完美的男性魅力和風流倜儻的形象，而我們雖然沒有他那麼帥，但卻可以學習他粉紅色襯衫的運用，千萬不要覺得粉紅色很娘或是女生才愛的顏色，粉紅色襯衫很容易在深色的外搭中跳出來，就不會穿的一身深色而感到沈重，且粉紅色給人柔和好接近的感覺，這可是可以讓你周遭的人覺得你很親切的關鍵顏色，前面配色單元中粉色系的搭配也有提到，可以好好運用顏色的所帶來的感受喔！

↖如果沒有靴子其實搭個牛仔褲配上休閒鞋也可以，如果天氣再冷些可以再外搭個羽絨背心，或是裡面加一件連帽外套，層次感的搭配就會很好看。

格紋襯衫

格紋一直是不敗的流行元素，尤其是一到秋冬更是夯，而格紋襯衫首推法蘭絨襯衫，它是 flannel 布料的英譯，是一個軟、輕的質料，通常由羊毛有時結合棉或是合成纖維，織成過程中會輕輕的刷毛，所以摸起來都有毛毛的觸感。

日本明星木村拓哉也常在日劇中或是平常穿著法蘭絨襯衫，配上牛仔褲跟 redwing 靴子帶有工作風味道的經典形象，在他的加持之下更奠定法蘭絨襯衫的搭配地位。

我習慣將左邊的叫做帽 T，比較厚的有拉鍊的叫做連帽外套，個人相當喜歡這種
有帽子的單品，因為搭配性非常的強，不論單穿或是當作內搭在外套下面，多一
個帽子可以增加不少搭配的層次感跟視覺感，保暖度也能增加不少。

這兩樣單品也是各牌子幾乎都會推出的定番商品，帽 T 一年四季都可以穿搭，連
帽外套則是秋冬必備的單品之一，尺寸其實可以看你用途而定，如果想要做在外
套下的內搭使用，就可以選擇合身一點的款式，反之就不受限制，因為現在不少
是設計 oversize 的款式。

其實以往在做這兩樣單品的搭配的時候，比較少把連帽戴在頭上，但去年去了
韓國之後發現很多韓國的型人都會這樣穿搭，覺得也蠻好看的，因為韓國比較
冷的關係，這樣連帽就可以派上用場，不再只是單純裝飾效果，天氣冷的時候
不妨也可以這樣穿搭，好看又實用。

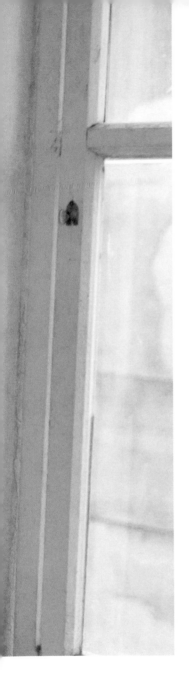

西裝外套

基本上隨著年紀的增長，西裝使用到的機會也
不少，不論是謝師宴、正式報告、面試、工作
或是喜宴等等，而通常男生對西裝外套的英挺
味跟正式感著迷，也有如女生瘋狂於高跟鞋
般，開始學習搭配後西裝外套也是我購買最多
的其中一項單品，但也是犯最多錯繳最多學費
的單品，心得就是西裝還是買正式的好，還是
花點小錢投資一套還不錯品牌的會比較合適，
原因就是在之前風格篇曾舉例過，一般類似西
裝的材質，往往在布料、剪裁上不是很好，所
以會呈現不出西裝外套的質感，只能稱它做休
閒外套而不是西裝外套了！

錯誤示範

2005 年時買的一件「西裝外套」，
空有西裝型的休閒外套，除了尺寸
我掌握不好之外，它的質料剪裁無
法呈現西裝的質感，搭休閒也顯得
不太有精神，所以這就是我不推薦
購入這樣類似單品的原因。

在選購西裝的時候首先注意質料，
純羊毛的質感當然不錯，保暖度又
相當佳，不過相對的價錢也高，還
有對台灣天氣來説夏天穿羊毛可能
會先熱死自己，所以可以選擇羊毛
跟絲混紡的單品會比較適合，價位
也比較適中，而全聚酯纖維的西裝
外套質感會稍嫌差一些，挑不好會
很像滿街跑的業務員，在購買的時
候可要比較看看。

西裝有分雙排扣跟單排扣，單排扣的設計款式比較常見流行，鈕子數也有四到單顆扣等等，建議是選擇兩顆扣的款式，三顆以上會稍嫌老氣，單扣又太過流行怕一般傳統產業比較無法接受，顏色建議可以選擇黑色或是深藍色比較不會出錯，任何場合都合宜，而領子也建議選一般西裝領會比較合適，劍領則比較年輕感。

選購的時候一定要試穿，在鏡子前看西裝穿在身上有無不該有的皺褶，扣起來跟打開來檢視整件外套是否平順，肩寬是否合宜，太寬太窄都不適合，試穿時將兩手垂直放下，看整個手臂肩寬的線條是不是一個很平順的線條，而袖長也是要注意的一點，可以穿好襯衫去試穿西裝外套，看襯衫是不是能露出西裝袖約一小指寬，西裝外套修改是常見的事情，千萬不要害羞，選購後就可以請櫃員幫你測量一下，如果有不合的地方都要修改。

↗這是雙扣一般西裝領的羊毛西裝。

在風格篇中有提到輕正式感的搭配方法，混入休閒味單品混搭，如果想換掉西裝褲的話 ，其實有個小訣竅可以換上跟西裝類似顏色的單寧褲，整體感就會很協調也不太會出錯！

軍外套 ↗這是 m-65 版型外套。由來是美軍公發的野戰夾克,另外有保暖內裡及簡單的四口袋＋隱藏帽子設計,相當多的外套雛型都是從這衍生而來,基本型態的軍裝外套。

↗M-51 是 1951 年美軍拿來當作打野戰穿的連帽外套，受到英國的國防部隊的喜愛，另外也被稱為 mod 大衣。能當作外套直接穿的寬鬆剪裁，後面衣身較長被稱作魚尾是它的特徵所在，M-51 是這幾季持續發燒的單品，保暖性極佳冬天時還可以罩在外套外面，長版的剪裁也是非常修身的，而身高比較矮的朋友可以選購時可以注意一下長度，才不會顯得比例更矮喔！

雙排扣來自英國海軍在艦艇上所穿的軍服，因為衣身短穿起來相當的英挺，大的翻領也是相當的帥氣，也是每個牌子每年幾乎都會推出的定番商品，購買時可以選擇略有腰身設計的版型，修身效果會更好，顏色上黑當然是萬搭，但我更推薦海軍藍，會讓雙排扣更有原本的軍裝味道。

秋冬尤其是軍裝外套的天下，不論是 m-65、m-51、雙排扣或是飛行外套等等，都是能見度很高的單品，而因為剪裁都沿襲著正規軍裝的英挺感，然後再做改良變化，所以幾乎都是相當帥氣好搭配的單品，秋冬注目度相當高，另外軍裝風格也是不太會退流行的元素，所以每年都可以拿出來穿搭。

但真正公發的軍用品可能年代久遠保存不易，或是尺寸也不一定能和自己身型，除非真的追求公發軍品，不然可以另外參考很多牌子，都有製作類似款式改版的軍外套，取得比較容易一些，而也會加入更多流行元素在內。

／軍裝風跟靴子同調性的搭配，因為外套比較具有份量感的關係，所以建議鞋子也是選擇分量感比較重的靴子，視覺上才能平衡喔，並加上一些冬天流行的雪花圖騰元素，就完成秋冬的穿搭了！

皮衣

有句話說男人一定要有件皮衣，而且不論什麼年代的男孩或是男人們總是對皮衣有著憧憬，翻開爸爸的衣櫃說不定也找的到一件古董皮衣呢，保存的好說不定還可以繼續當傳家之寶（笑）。而皮衣的魅力除了那帥氣的外型之外，好的皮衣、細膩的皮質，和隨著歲月所留下的痕跡變化，也是讓人深深著迷的地方，我也想入手一件 Lewis Leather 啊！

皮衣其實範圍相當的廣泛，任何皮做的外套都可能被稱做皮衣，而購入的話首推騎士外套的版型，都會風格的騎士外套，因為它合身俐落的剪裁，也很能襯托出個人率性不羈的味道，而因為相當多樂手喜歡拿來穿搭，所以也總跟音樂結合在一起。

真皮皮衣都是算單價還蠻高的單品，合成皮皮衣雖然便宜，有型又有到位，但質感跟真皮還是差一大截的，不要花了大錢卻買到合成皮，真皮皮衣在皮質上牛皮比較硬挺，羊皮則是比較輕，羊皮在單價上會在比牛皮高一些，真皮的皮衣皮質上都會有像皮膚上的毛細孔，分佈會不均勻，戳揉起來必較有紮實感且延展性佳，假皮則沒有，選購時千萬注意。

↗簡單俐落的穿搭,合身的版型配上合身的穿搭,最後還故意選擇跟外套同色的皮鞋去製造整體的顏色協調感。

感謝當初為了提供礦工應付粗重工作所設計發明的褲子，今天我們才有人手一條的單寧褲，單寧褲發明到今日已經有一百多年的歷史，卻還屹立不搖而甚至擠身成為時裝的要角，從明星到政商名流都穿著單寧褲，這也是當初意想不到的事情吧！不外乎單寧褲不斷推層出新改良，以符合流行甚至應該說創造流行比較適合，一直到今日也衍變出許多版型，窄版、直筒（還有細分小直筒和中直筒等）、喇叭、靴型，立體剪裁等等，刷紋跟顏色也是有很多樣的選擇，水洗、破壞、原色等等，而比較基本常見的為藍色跟黑色，入手推薦基本的直筒藍或黑。

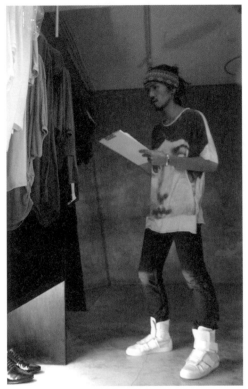

↗同樣一條直筒褲，運用不同調性的其他單品配件，所呈現出來的味道就不一樣。

對男生來說上半身最常出現的應該是 T-shirt，而下半身莫過於就是單寧褲了，所以挑一條好的單寧褲等於就是做好了快 45%（剩下就是上半身、鞋子、配件跟髮型等等了）的搭配，我也是因為買了一條適合自己的單寧褲，才發現原來自己也可以跟流行沾上一點邊，才開始對打扮這件事情感興趣，可見單寧褲是多麼的重要。前面文章曾提到推薦直筒褲型，可以從一些知名品牌的直筒單寧褲下手，因為中庸的版型最適合每個人，修飾身材的效果也最好，也能應付你大部分可以穿著它的場合，C/P 質應算是很高的。

卡其褲

過去年代許多學校制服都是使用著卡其色作主體，其中不外乎卡其耐操又耐髒，而其實卡其褲在國外常常可以看到運用在休閒或是輕正式的搭配，而其實卡其褲跟單寧褲一開始都是工作裝取向而來的，但卡其褲又比單寧褲再稍正式感些，許多上班族也都愛穿卡其褲來上班。

卡其色屬於大地色，而大地色是最好搭配的顏色，很好搭配你衣櫃中其他顏色的衣服，就比較不需要擔心顏色不搭。

卡其褲其實是相當好搭配的單品，除了可以像圖中運用卡其色好搭其他顏色的特性，做鮮豔的 outdoor 風格休閒搭配之外，也可以捲起褲管袖子做另外一種的下班後的休閒味道搭配。

球鞋

球鞋也跟牛仔褲一樣有著淵源的歷史，而發展到今日
除了運動場上穿著之外，也成為平日主要的搭配鞋款，
也扮演著街頭文化流行重要的角色，近年時尚大牌也
紛紛推出球鞋的款式，從街頭到時尚也都看的出來球
鞋的火熱程度，不管是加入許多科技設計的機能鞋款，
或是復古經典造型的型款，都各有其擁護者。

然而在搭配上還是經典款型的最好搭，經典之所以
成為經典，就是因為它有著不退流行的因素，例如
Converse all star、adidas 的 supersatr、nike 的 Dunk 和
air force 1 等等，因為造型簡潔型又好看，很好去搭配
不同類型風格的其他單品，購入時可優先選擇素白、
素黑或是簡單的兩色配色，掌握顏色協調就比較容易。

all star 非常好搭，好搭到單寧褲穿上也很難搭的不好看（笑），而同色系呼應是我喜歡的搭配法則，常常上半身或是身上單品會選用跟鞋子一樣的色系做呼應，身上顏色就不會太多，輕鬆掌握顏色的平衡跟協調感，也就是之前提到的三色理論原理。

流行是一個循環，原本設計給籃球員保護腳踝的高筒球鞋，如今又成為風尚主流，搭配窄褲的時候，因為可以完整的露出整個鞋型，所以非常的 match，而也因為它比較具份量感，而當上半身穿著偏 oversize 的時候，可是平衡上下身的關鍵點。

方巾

人説法國的女人是非常優雅的，而日本人混搭功力一流，其實加分的原因都是他們都非常會利用配件等的小單品，達到畫龍點睛的效果，簡單的穿搭再加上一些配件就更加完美了，而阿拉伯方巾就是這麼樣的一個配件，起初主要是士兵拿來阻擋沙漠中的風沙，但由於顏色眾多，幾何花紋又很有流行味道，就被拿去穿搭使用而流行了起來，不過很多朋友都不太清楚怎麼圍，這邊就用圖示步驟來分解給大家看吧！當覺得今天上衣有些單薄或是覺得身上有些空的時候，都可以拿出方巾好好利用一下，掌握以下兩個方法應該就可以輕鬆運用了。

用法 A

step1 因為阿拉伯方巾是非常大的,所以一開始先對折成三角形,
然後去開始依自己需求去把它捲稍微小一些。

step2 三角形部分放在前面,握住兩個角而在背後交叉。

step3 然後就大功告成最基本的方巾圍法。

用法 B

step1 跟用法 A 第一步驟一樣,但抓住兩個角在後面打結。

step2 正面看起來是這樣掛在脖子上。

step3 將方巾拉起做一個反 8 字型的動作。

step4 然後在套在頭上稍作調整就完成了。

帽子

帽子在不同的文化中代表著不同的禮儀，這在西洋文化之中尤其重要，因為戴帽子在過去是社會身分的象徵，而現今則都是做為搭配使用。帽子的搭配也常會跟風格有所關聯，不過如何去選個適合自己的帽子呢？跟臉型搭配也是很重要的，選適合的帽子可以修飾臉型，讓整體比例更為完美。臉型中又是完美的鵝蛋臉最吃香，戴什麼都好看。

圓臉要注意的是把橫向的視覺感破除：

❶. 選擇帽沿比較寬，帽子比較高的款式，帽沿比臉還寬就可以顯得臉比較小的錯覺，帽統高就可以拉長臉部，簡單來説可以選擇大一號的帽子。

❷. 可以稍微斜戴，就可以拉長臉部線條。

↖小偷帽是個對長臉型
的朋友不錯的選則！

長形臉要注意的是跟圓臉相反，就是要破除直的視覺感：

其實我就是最好的例子，頭又大臉又長，以前從沒想過自己可以適合任
何一種帽子，一直認為跟帽子無緣，但是後來掌握訣竅後，其實還是有
適合長形臉戴的帽子。

❶. 帽沿一定要寬，絕對不能窄；帽筒不能高，要選擇矮的款式以免讓
臉更長所以卡車司機帽就避免比較適合。

❷. 選擇可以遮住額頭的帽款就可以有臉變短的錯覺。

↗好友 JOCO 就是把方形臉修飾的很好的例子，運用兩側頭髮蓋下跟大款的報童帽，就完全看不出來是方臉了。

方形臉要注意的是：

❶. 因為臉型方的關係，如果在選擇像卡車帽那樣方形帽筒的帽子，就會顯得好像一個方塊在頭上，所以一樣必需要選擇帽沿寬但是帽筒可以選擇較蓬鬆的帽款，例如報童帽。

❷. 運用頭髮，可以將兩側的頭髮露出，亦可以修飾臉型。

購買前也先試戴看看，利用上述些原則在鏡子前面檢視看看哪頂最適合自己，應該就能挑到不錯又適合的帽子了。

在開始學打扮的路上，應該大
家都跟我一樣，在一開始繳了
不少冤枉學費，或是聽了店員
呼攏，買了不適合自己而後悔
的衣服吧，其實學習穿搭也是
在鍛練自己的品味，了解自己
適合的是什麼，缺少什麼單品，
而購買的時候可以先思考衣櫃
裡有哪些單品可以來搭配，這
樣就不會買了卻又不知道該怎
穿了，而我有些購衣的小訣竅，
可以在適當花費下卻又可以買
入喜歡的衣服了！

^{Tip}
1 正值換季折扣和週年慶的這時期是購衣的好時機，週年慶各家百貨為
了搶生意均推出許多的優惠方案，幾乎都有著滿五千送五百的活動，
等於多打一折的意思，配合原本的折扣下來也算是不無小補。

^{Tip}
2 選擇經典歷久不衰的款式，例如軍裝風格的 m65 外套、雙排扣、襯衫、
素 T、POLO 衫等等基本款式，在加上些些新的元素進去的設計，這
樣機乎就是年年都可以穿的單品，cp 值就高很多。

^{Tip}
3 多多練習搭配的技巧，發揮一件衣服的最高效益，能夠多搭出幾種不
同的造型，少少衣服也能每天有不同的變化，新跟舊的衣服也能 mix
& match。

^{Tip}
4 選擇適合自己的衣服，比選擇流行的衣服更適合。

總結

推薦這麼多單品之後，會不會覺得有點眼花撩亂呢，如果我都買對了，該如何去搭配它們呢？這邊分享我的一個小訣竅。

穿衣搭配是一種直覺的反應，有時候今天就是想穿這樣，但如何在眾多的衣服中直覺穿出好看呢？是不是有些方法可以依循呢？今天來分享一下我的方法吧！

一次去想好整體的風格或許不容易，腦中一定會一團混亂，不如就先去想好今天最想穿的一個單品，從一樣東西開始去發想身上其他東西，就像有一個根基之後要去變化好幾種搭配就會很簡單，累積多了後就會好像資料庫一樣，許多種搭配就會變成一個模組化，或可以稱它做一個 group，以後就可以很快的取用了，從一樣單品去想其他類似調性的單品互相搭配，這樣就很快能夠完成你當天想要的穿搭了！

四季搭配指導

跟其他緯度高國家相比，台灣四季其實都算是相當溫暖的，不過還是有著
四季的變化，除了冬天有著可以穿著厚外套的機會，在其他時候想要穿厚
重一些就比較困難，所以有時在雜誌上看到日本的多層次穿搭，也不能全
盤皆收模仿，必須因為氣溫來做些調整。

春

俗話說春天後母心，春天的氣候總是一年之中最多變的，忽冷忽熱的讓人
難以捉摸，這時薄襯衫或是羽絨背心就可以派上用場，而剛度過冷颼颼的
冬天，準備開始春暖花開的景象，在顏色上可以拋開冬天的沉悶，換上一
些亮色系的顏色來迎接春天的到來。

＼羽絨背心有著很多顏色可
以選擇，在春天的時候不妨
可以搭配些鮮豔的顏色。

↗襯衫和 T-shirt 的組合是相當適合春天的,可以依天氣調整加件內搭或是外套。若要調整穿搭,太熱的時候也可以將襯衫綁在腰間裝飾。

夏

台灣夏天十分的炎熱，中南部更是酷暑難檔，多穿一件都嫌多，所以夏天就用 T-shirt 來決勝負吧！在層次感搭配上可以選擇短袖襯衫，無袖背心或是西裝背心等等比較沒有厚度的單品，而在顏色選用上可以選冷色系的，在視覺上會比較有涼爽的感覺，黑色等深色系則是除了會吸熱之外，在視覺上也是給人沉重感，在炎熱的夏日可以減少這樣的配色。

↗選件好看的版型好的 T-shirt 就十分好搭配了，再搭配一些小配件就可以完成夏天的穿搭，而變形蟲是這幾年相當夯的設計元素。

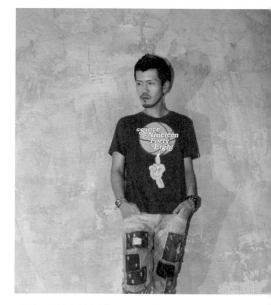

↗夏日最基本的穿搭，T-shirt 加上丹寧褲和球鞋，注意合身度跟版型，簡單就可以穿得好看有型。

↗淺藍色的冷色系襯衫加上無彩色的白背心內搭，視
　覺感上就十分的涼爽。

↗短袖襯衫外搭＋T-shirt 內搭的搭配法，可以為單薄的
　上身多些層次感和變化。

秋

剛渡過炎熱的夏日，開始邁向秋高氣爽的氣候，一入秋其實可以穿的跟春天差不多的搭配，差別只是在顏色上不一樣，開始可以使用些沉穩的顏色了，而接近冬天時後氣候也會漸漸轉變涼爽，記得就要多添加點衣物，而一些保暖的配件就可以派上用場了。

↗帽Ｔ是秋天搭配的好用單品，可以很方便的因為氣溫做調整穿搭，並且提供基本的保暖。

↖圍巾畫龍點睛的搭配
效果，也是值得在秋天好
好運用的。

↖秋天也是可以開始玩
多層次搭配的時刻，可
以利用長短不同的內外
搭來製造不同的視覺感，
也會讓整體更加豐富。

冬

在寒冷冬日的冷颼空氣直讓人受不了，冷的時候還真想把暖爐都帶出門呢！而這時就是厚外套出動的時刻了，基本好搭配的外套可以穿個幾年，也可以好好玩多層次的穿搭也不怕熱，圍巾手套毛帽等等配件也可以善加利用，材質選用上可以選擇羊毛或是羽絨保暖度比較好。

↗雪花圖騰是這幾年冬天非常流行的元素，粗針織的材質保暖度也是相當不錯

↗帽T在冬天仍然是可以靈活運用的單品，除了多一層保暖外也增加視覺感，幾乎是雜誌上定番的搭法。

層層疊的洋蔥式穿法是最適合冬天的，也就是如名稱所形容的像洋蔥一樣一層一層把衣服搭上，最內層可能只是件 T-shirt 再一件一件穿搭起來，如果覺得還是太冷可以在加上圍巾為脖子保暖，或是外套在搭上羽絨背心等等層次搭法，而如果進到室內或是天氣回溫也能脫去最外層外套，但仍然有完整的搭配。冬天強力推薦軍外套單品，因為是不太會退流行的單品，幾乎每年都可以再拿出來穿搭。

嚴選
！

跟朋友第一次去韓國，剛好就是遇到氣溫０度左右的冬天，在台灣從來沒見識過這種氣溫，不過因為室內都有暖氣內外溫差很大，所以我們都是運用帽Ｔ跟合身外套最後外面再套一件大外套，也是運用洋蔥式的穿法來應付這樣的冷天氣，我比較怕冷一點所以還有加上圍巾跟手套等等的配件，兼顧保暖效果但也不失好看的搭配法。

SEARCH 인기검색어 : 져지 스키니 가방

<<이전사진   다음사진>>

🏛 •이름 / 직•업 / 나•이.
ad / 학생 / 28세

🎭 좋•아하는 스타•일.

🌐 홈피또는•이메•일.
ad19810122@hotmail.com

💬 코디편.
타이완에서 오셨다는 ad님~ 포스가 너무 강해보이셔서 선뜻 데 알고보니 매우 친절하고 유머넘치는 분이셨습니다. 독특한 보이네요~

⭐ 추천수. : 4 (로그인후 추천해주세요)

보세

보세

注目
!!

結果那次韓國行的搭配，還剛好被韓國的 hiphoper 流行網站街拍，也有被選中登在網站上，在國外被拍算蠻開心的經驗。

各種場合搭配訣竅

俗話說工欲善其事，必先利其器，而搭配其實也可以說它是人跟人之間互動的一個工具，面對不同場合它必須對應有著不同的搭配，就像參加婚宴你不會穿藍白拖鞋、打球你不會穿西裝一樣，當然我們不至於錯的那麼誇張，但卻可能在不知不覺中忽略了一些細節，其實用對了穿搭工具，有時就能達到事半功倍的效果呢！

約會篇

俗話說好的開始就是成功的一半，相信很多朋友在第一次跟心儀的女生約會前，一定是抱著既緊張又興奮的心情吧！總是在心裡計畫著，該如何才能讓對方留下一個好的印象，除了有個完美的約會計畫之外，相信得體適度的打扮也是會讓自己更是加分不少的，不過其實也不用太過於緊張，太刻意去穿著成一個平常自己不會穿的樣子，臨時抱佛腳倉促的趕鴨子上架，絕對有可能穿不出那味道之外，反而讓自己看起來像個四不像那就糗大了。

對第一次約會打扮的建議就穿著輕鬆簡單，乾淨呈現出自己的味道就好，不需要穿得太過設計感強烈的服裝，當然如果女方可以跟你匹敵那就另當別論，不然太過度誇張的打扮，對方是會感受到很大的壓力。

跟一些女生朋友聊過，其實女生特別注意的反而是小細節，例如領口是不是乾淨（白色衣服一定要注意，穿過就要洗不然很容易黃掉），領口有無鬆脫（鬆了就換掉它吧，不然會看起來很邋遢），鞋子是不是乾淨等等的小地方，如果沒注意這些地方可是會被偷偷扣分喔！

在顏色上可以選擇粉色系的顏色，看起來會比較有親和力，它比純色加入更多代表光能量的白，雖說粉色系看起來溫和，但其實潛意識上給的能量卻比純色更強大，而黑色雖然感覺很有質感很酷，但卻會給人感覺有距離感，在第一次約會應該減少使用會比較好。

而約會的場合也是考慮的重點要素之一，如果是輕鬆休閒的活動的話，綜合一下上述條件其實簡單的單寧褲配上粉色系的 T-shirt，如果覺得層次感不夠的話可以在外搭一件同色系的格紋襯衫，都是之前在推薦單品中提到過的，就可以完成輕鬆的好感度約會穿搭了。

面試篇

面試對剛離開校園正準備投入職場的新鮮人，想必也是相當頭大的問題吧！除了本身需要具備專業能力之外，面試裝的準備也是一大學問，而職業別的不同也有著不同的搭配應對，不過都跳脫不了乾淨清爽為主軸，所以面試前不訪先整理一下髮型，修剪一下再來開始準備面試的搭配。

男生在服裝上變化比起女生相對變化比較少，大部分還是以襯衫、西裝、皮鞋為主，而傳統行業、科技業和金融業，一般來說都是比較嚴謹些，在顏色的選用上可以選用比較沉穩的顏色，例如深藍、黑色或是灰色西褲，配上白襯衫或是跟西褲類似色的襯衫，這樣的搭配都是比較穩定的視覺感，可以讓面試官感到你的穩重感。

而比較不同能做變化的，可能就屬於流行產業和創意設計產業了，創意設計產業因為職務比較注重個人的創意，除了主要在作品集的呈現之外，相對的在服裝上也比較自由一些，不用太過於拘謹，所以用色上可以稍微活潑一些，條紋襯衫、針織衫和卡其褲都是蠻推薦的單品，再以卡其褲的大地色下去做搭配，並運用小物，例如手工框眼鏡等等來呈現個人的品味。而流行產業因為必須掌握流行新知脈動，以及對時尚的掌握度，外表的搭配往往就是面試官審核的重點，因此在服裝上就可以盡情地發揮自己的個性了。

part 4

Face & Hair
AD 教保養

AD 教保養

保養、美容、髮型面面俱到全攻略

除了服裝搭配之外，還有沒有可以讓自己變得更好的方式呢？答案就是注重個人本身門面的保養與修整，近年來保養已經不再只是女生的專利了，已經有相當多專門介紹男性保養的書籍，而許多牌子也都專門為男性朋友量身打造保養品，甚至還設置專門為男性服務的保養專櫃，來替男性朋友服務，不用再羞於要跟櫃姐打交道，而男生保養也不再像以往認知是娘的表現，反而是成為一種趨勢及風尚，把自己的狀態保養維持的更好，更有自信和男人味，何樂而不為呢？

男性皮膚皮脂分泌旺盛，又常出外奔波騎車之類的，空氣的髒污等等都會附著在臉上，一不注意堵塞了毛細孔很容易會有肌膚的問題出現，所以基礎保養上首重的是臉部清潔，雖然說洗臉人人會洗但你洗對方法了嗎？錯誤的洗臉方法可是會加速皮膚的老化喔！

很多男性朋友常犯的錯誤就是臉一油就拼命洗臉，但其實反倒讓臉更油，一天洗臉最好不要超過四次，因為過度的清潔會把保護皮膚的皮脂層給跟油脂洗去，皮膚就會補更多的油來平衡，而皮脂層的減少會讓皮膚變的更敏感脆弱，而產生更多皮膚問題唷！

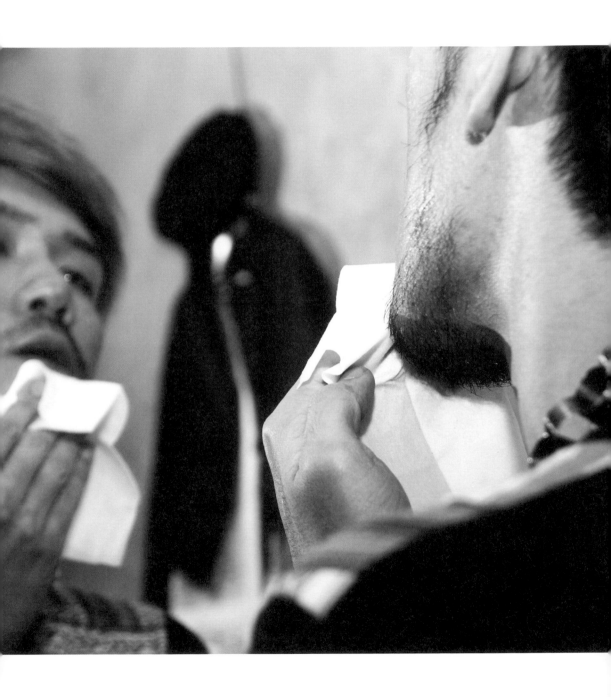

洗臉

洗臉的正確的步驟

❶. 先將雙手洗乾淨之後（這部分也是非常重要，以免手不乾淨又去洗臉），將臉潑濕。

❷. 這步驟也是很多朋友會犯錯的地方，就是直接把洗面乳一擠就在臉上搓揉，其實在做清潔作用的是洗面乳的泡沫不是洗面乳本身，正確是將洗面乳放至手心加水搓揉成泡沫狀再開始在臉上按摩清洗。

❸. 再將泡沫輕輕的在臉上畫圈狀按摩，特別會出油的例如 T 字部位可以輕輕的搓揉幾圈，不會出油的部位的就可以少一些。

❹. 用水輕潑沖洗乾淨泡沫，不要用手去大力抹拭，徹底檢查還有沒有泡沫的殘留。

❺. 再用乾淨的毛巾輕壓乾水分，記得也是不要用力搓揉想說可以乾快點喔！

清潔乾淨後再來就是做保養了，或許一開始各位朋友會覺得麻煩，但是為了讓自己更有面子還是不要棄嫌吧！而且習慣了就其實跟一早起來要刷牙一樣，只是多了些程序罷了，如果怕麻煩的朋友很多牌子都直接有推出整套的組合，直接買就一次搞定。

◀刮鬍泡沫通常都會涼涼很舒服，作用在軟化鬍子根部，減少摩擦讓刮鬍更容易。

◀洗完臉後就可以用刮鬍泡沫再開始刮鬍，刮完後再使用鬍後水輕拍刮鬍的部位（鎮定以及減少刮鬍後的灼熱感），再來使用化妝水輕壓眼部舒緩皮膚，注意不要用拍的喔，因為臉部肌膚很脆弱輕拍可能會傷害到皮膚，所以用按壓的方式比較好。

不少化妝水都標榜著有很多很多功能，但化妝水究竟有沒有那麼多功效，其實一直是討論的話題，而且單單只有化妝水保養的功效也不夠，必須再配合保濕乳液來鎖水，如果使用後不輕壓讓它蒸發，反倒還會帶走臉上的水分，要特別注意。

我個人是推薦這種溫泉水的保濕噴霧，成分比較溫和適合各種膚質，用途主要是舒緩洗臉後的皮膚，不要那麼緊繃。

化妝水之後就是保濕乳液，但保「濕」的濕這字常常會讓人有錯誤的觀念，就是給臉補充水分就好，如果這樣大概沒幾分鐘蒸發掉後水又不見了，皮膚又會恢復乾的狀態，所以保濕的重點不是補水而是鎖住水分，保濕乳液的功效就是這邊，所以千萬不可以只做到化妝水就停住。

而這些步驟完成後要千萬記得還有最重要的防曬，紫外線無所不在的存在大自然之中，是一種肉眼所看不到的一種光線，紫外線可以大致依波長分為 UVC、UVB、UVA，各波長對人體的傷害各有不同，都一樣會破壞皮膚內的自由基加速皮膚老化，不能因為太陽小就不做防曬工作，紫外線的傷害也是看不見的。

防曬產品中常會看到 SPF 這名詞，SPF 就是所謂的防曬係數，為防曬功能的指標，SPF 數值代表該防曬品在 UVB 的照射下保護肌膚不被曬紅、曬傷的時間。男生往往在防曬這塊是比較忽略的，其實男生也是需要的，不是怕曬黑才防曬喔，這是一般男生比較容易錯誤的觀念之一。

所以白天的起床開始的保養就是洗臉→刮鬍泡→刮鬍→鬍後水 / 化妝水→保濕乳液→防曬，因為有用防曬產品的關係晚上就是卸妝→洗臉→面膜（不用天天使用）→保濕乳液。

其實男生需不需要卸妝這是一個好問題，如果你有一些初步的底妝那當然是需要卸妝的，前面介紹到的防曬也是，如果有使用的話最好還是卸妝一下比較好，而如何挑選自己膚質適合的卸妝產品呢？卸妝產品主要分為適合乾性和敏感性肌膚使用的卸妝油，跟適合油性肌膚的卸妝乳。

正確卸妝的步驟分別為

❶. 乾燥且乾淨的手壓取適量的卸妝產品，如果手是濕的卸妝油一碰就先乳化了。

❷. 將卸妝品塗在臉上用指腹開始畫圈按摩。

❸. 將手洗乾淨在沾水在臉上按摩讓卸妝油乳化。

❹. 沖洗乾淨。

面膜一星期可以敷個 2 至 3 次，而面膜標榜的功效很多，如保濕、控油、美白和緊實抗皺等等，可以看自己的需求選用，面膜的功效在它所含的精華液很多，敷的時候對臉部皮膚比較好吸收這些成分，持之以恆地使用對肌膚的改善有著不錯的效果，所以在保養上也占著蠻重要的角色，不過使用時間不要超過 20 分鐘，否則當面膜變乾的時候也會一起帶走臉上的水分，反而讓皮膚變乾燥成傷害了。學會保養臉部肌膚之後，現在開始進入整修臉部的單元。

修眉

眉毛也像頭髮一樣必須修剪一個型出來，近年來修眉已經幾乎是男女都會注重的工作之一，而個人認為男生不必修得像女生，或是像一些日本男生修得那樣極細的眉毛，把眉心跟眉毛與眼間的雜毛修除，跟把整個眉型修剪出來就可以了，讓整個眉毛感覺乾淨俐落，整個人也會更有朝氣。

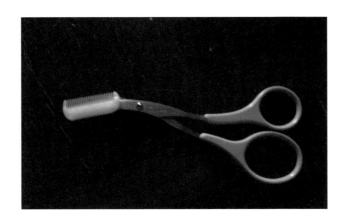

眉毛打薄刀：這對粗濃眉是相當好用的小工具，就像剪頭髮的打薄刀一樣，可以很快速地將眉毛變得疏一些，但又不會因為技術不好剪的一個洞一個洞。

修眉工具

修眉前先把工具準備好吧！藥妝店或是一般美容用品都可以直接買到整套的修眉組，我笑稱這是修眉四大神兵，由左至右分別是：

❶. **眉梳**：可以把過長的眉毛梳起剪掉。

❷. **弧形眉毛剪**：可以購買刀刃處是彎弧型的，它的弧度可以方便修剪眉型。

❸. **眉夾**：可以把雜毛夾掉。

❹. **修眉刀**：請購買有安全刀具的，不然很容易刮的都是傷口。

眉毛各部位名稱與修眉方法

眉頭：眉毛的前端就叫眉頭，兩個眉毛眉頭之間雜毛要修乾淨。

眉峰：眉毛最高的地方，最佳位置在眼尾垂直向上部位，盡量保持不動，如果是眉毛比較稀疏的朋友可以用眉筆先畫出。

眉尾：眉毛的最尾端，最佳位置為鼻翼跟眼角的延伸，如圖中紅線。

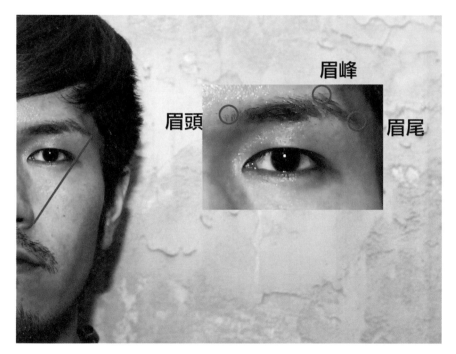

修眉前後

哈！抱歉他又出現一下，這是我以前的眉毛，其實兩眉之間是有很多雜毛的這是已經修掉過了，兩眉之間約抓兩指寬比較適合，而之前整個眉型其實是有點下垂的八字眉，眉毛又粗又黑又亂，離眼睛距離又近，整個視覺上很壓迫，所以首要就是將眉毛與眼間的下垂感修掉，而太濃密可以藉助眉毛打薄刀修疏。

因為沒有修眉毛的照片都是胖的時候，各位朋友可能看不出實際修完眉毛的差異，這邊就提供給個我幫他修過眉毛後的朋友的前後照片，應該就可以看出明顯的對比。

▶這位朋友也是標準的雜亂濃眉,但其他的問題不太大,只要將眉毛跟眼睛之間的雜毛修掉,和把整個眉型修出就可以大功告成。

▶因為他要求想要有個轉角,所以將雜毛修除後,靠近眉尾的部分順修往下,這是修好一邊的眉毛跟沒修的對比圖。

▶兩邊的眉毛都已經修完了,是不是清爽很多了呢?

◀這位朋友也是相當雜亂的眉毛,但眉毛濃淡不一,壓迫感也是相當的重,也會讓人感覺陰沉,首要就是把一堆雜毛修掉,在用眉筆補強稀疏的眉鋒眉尾。

▲將雜毛修除後整個人就變的清爽許多。

▲左邊為修眉前,右邊為修眉後,是不是變得神輕氣爽許多。

修鬍

鬍子可謂上天給男人的禮物，女生朋友沒辦法嘗試的造型，但並不是每個人都適合，不同臉型也有不同的鬍型來搭配，配得好甚至還可以修飾臉型，但不好可能就會淪為蠟塌囉！

從退伍過後，面試上工業設計師工作就一直留鬍子到現在，其實除了想嘗試留鬍子之外，另一個因素是想遮住以前車禍，下巴所留下的疤痕，並不全然都是為了趕流行，而沒想到效果意外的好，發現自己的型還蠻適合蓄鬍的，所以就一直留到現在。

每個臉型都有適合的鬍型，其實我一開始的鬍型也不是適合自己的臉型，我是長形臉，最適合的是唇上的往兩旁延伸的鬍，可以把視覺往兩邊拉，在視覺上拉寬的效果，其實會拉長臉部的，下巴的山羊鬍是不適合我，但是因為要遮住疤痕的關係不得不這樣，但因為落腮鬍可以框住整個臉，讓輪廓比較消失，所以就成為我最終的鬍型了！

圓形臉其實適合各種鬍型，但如果太肉就可以利用落腮鬍來修飾，方形臉非常適合山羊鬍，因為可以有臉型拉長的作用。

而修鬍的步驟其實也不繁複，首先可以用之前介紹過的修眉組來使用。

簡易修鬍步驟

❶. 先用修眉刀將雜毛修除，以及將想要的鬍型輪廓修出，如果過多可以先塗抹括鬍泡沫，會比較好刮除。

❷. 用小剪刀或是可以直接使用打薄刀調整長度，有些電動刮鬍刀直接有設定長度的工具，就可以一次修齊相當方便。

❸. 最後再抹上鬍後水就完成了。

髮型

頭髮占了頭部相當大的面積，而不同的髮型也會帶來不同的感覺，退伍之後開始打扮，我才開始注意髮型這個部分，並且也發現髮型對一個人的影響非常之大，才開始脫離家庭理髮，去美髮店找設計師設計髮型，很幸運的找到適合自己也能溝通，剪出自己想要的感覺的設計師，其實並不需要迷信大牌設計師，能夠設計出適合自己的設計師更為重要。

一開始各位可能也不了解自己適合怎樣的髮型，也不知道怎樣跟設計說，其實有個小訣竅，像我都會先在雜誌看好自己想要嘗試的髮型，然後再拍下跟設計師去做討論，請設計師去變化設計成我想要的感覺，而且也適合我的髮型，通常這樣就不會離自己期望太遠，也很容易表達你想要的感覺。

但不管長或是短的髮型，修剪完後還是必須要靠整髮料來整理，不過我們也常會發現怎樣都沒辦法像在美髮店給設計師抓的一樣好看，技術當然是其中的一點，所以在剪完頭髮後就好好請教設計師，請他指導你訣竅吧，另外一個原因就是我們都是洗完頭髮才給設計師抓的，而回家後我門常常忽略這點，下次你可以試看看洗完頭髮後抓抓看，是不是比較得心應手了呢！

▲髮蠟或是像圖中這種凝土幾乎是整髮料的主流，因為近年來流行空氣無造作感覺，頭髮看起來是很有動感的，已經很少使用硬梆梆的髮膠了。

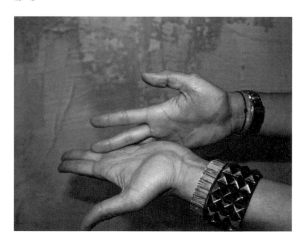

▲使用時約取這樣一小坨的量，太多反而可能會讓頭髮塌掉。均勻的塗抹雙手之間，指縫也要唷！直到整髮料看不見而佈滿雙手。

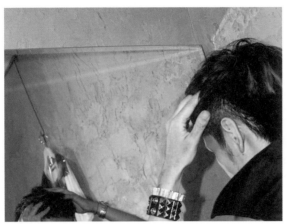

▲用掌心和指尖讓整髮料均勻的在頭髮上，搓揉出想要的造型。

▲最後再仔細微調細節，如髮梢的立體感，最後再噴上定型液定型就大功告成了！

燙髮

其實留著中長髮的男生朋友們，也可以燙個頭髮嘗試一下捲髮的造型，有著很長的時間我都是維持捲髮的造型，大家可能會覺得捲髮很難照顧，其實正好相反捲髮是相當好造型的，因為即使沒有很高超的抓法技巧，但因為本來就是一個亂亂感覺的髮型，所以其實亂抓也可以讓人感覺抓的很厲害！

而捲髮的抓法又不太一樣，在洗完頭髮後用吹風機約吹至半乾程度，然後就用捲髮專用幕絲塗勻頭髮，再把烘罩裝上吹風機，開始分區域地烘，就可以讓捲度很自然而又擁有很好看的造型。

修容化妝

↗圖中是我的工具 由左開始是隔離霜、BB 霜、淺色粉餅、深色粉餅、粉底液（跟 BB 霜擇一使用就好，功用都是在遮瑕均勻膚色）。

常聽女生說化妝是門騙術也是門藝術，對女生來說化妝簡直是家常便飯的工作，甚至沒有化妝就好像沒穿衣服出門一樣。化妝可以讓臉整體更為加分甚至無中生有，臉肉打深兩頰，眼睛小畫大眼影，鼻子塌打鼻影等等，就像畫畫一樣有趣，讓臉的輪廓能更加突出明顯，就像產品照修圖一樣，把對比明暗條大讓整體更為美麗突出。

因為小時候不懂事亂擠痘痘加上不知道保養，以至於臉上留下許多痘疤，另外因為油性皮膚關係，和抽煙熬夜生活作息不正常的攻擊之下，也有著皮膚暗沉跟毛細孔粗大的問題，退伍之後開始補救保養也改變不了多少，一直對臉上的痘疤感到非常自卑，直到 07 年開始接觸化妝這塊，終於能比較有自信一點了。其實現在會上妝的男生也是不在少數，雖然應該重點擺在保養，但稍微的化妝修飾也是可以把肌膚的不好狀況遮蓋一下，讓自己看氣色更好一些，男生不用像女生那樣精雕細琢，男生主要著重在遮瑕上面。

圖解 化妝順序

Start...

▶這是已經上完隔離霜了，但毛孔粗大還是清楚可見。

▶第一步先將粉底液擠在手上，我是使用 MAC 的粉底液。

▶將粉底液均勻點在臉上，然後抹勻。

◀用海綿壓勻全臉。

◀完成後 T 字部位的毛細孔也比較不清楚了，照相起來更是看不出來。

◀鼻子部份我會用比膚色淺一點的粉餅或是蘋果光筆來打亮，會讓輪廓更立體點。

◀再來就是靈魂之窗眼睛的部份，因為單眼皮跟眼尾下垂的關係，我會畫些眼線讓眼睛更有神一點，圖中是還沒畫的狀態。

▲眼線部份我會畫下眼線和眼尾微微上翹，然後稍稍暈開（建議使用棉花棒，因為眼睛周圍肌膚很脆弱）。

▲比較圖有上眼影那隻眼睛會比較深邃，適合眼睛比較小的朋友，很多韓國藝人也都會這樣加強眼睛的魅力。

◀最後再上蜜粉定妝，刷子沾完粉記得甩一下，讓妝感比較不會那麼重。

▲最後夾一下睫毛，跟稍稍刷一下睫毛，完成眼睛的妝，但男生不要太誇張比較好，不需特別濃密纖長之類的。

▲完成！而因為工作關係所以必須要把自己最好的一面給大家看，不然其實可以做到遮暇就好，就看自己需求調整囉！

其實男生化妝沒女生那麼難，重點在於不要太過於誇張，加強重點部位就可以，甚至是看不出哪裡有畫最好，除非是拍照等特殊需求才會畫比較明顯一些，如果有不懂的可以問身邊的女生朋友，或是專櫃的櫃哥他們一定非常熱意地指導你的，不過千萬記得回家後要徹底卸妝喔，不然皮膚會長痘痘和粉刺的。

醫學美容

為什麼要修容呢？其實也是因為自己的皮膚狀況不好，小時候沒有保養的觀念，不懂清潔加上又亂擠痘痘所留下來的痕跡，讓皮膚有著痘疤和毛細孔大的缺點，但化妝也只能稍稍遮蓋些，不過現在醫學美容技術進步，其實也可以藉由這些醫療技術來徹底改善膚質的狀況，飛梭雷射就是適合跟我一樣有這些困擾的朋友，它可以針對凹洞做個別處理，運用雷射光來刺激皮膚的膠元蛋白重生，而去填平原本皮膚受損所留下來的坑洞，讓痘疤漸漸變小皮膚變的更好，也減少了其他肌膚的損傷，所以復原期快，術後也可以上妝，已經是現在最熱門的美容之一。

↖雷射前的樣子相當驚悚吧，常熬夜加上作息不正常導致膚色暗沉，另外以前不當得處理痘痘，使得我一邊的臉狀況特別糟，痘疤很明顯，都是年輕不懂事所留下來的紀錄！下巴還因為最近睡眠不足長了顆大痘痘，很驚嚇吧！

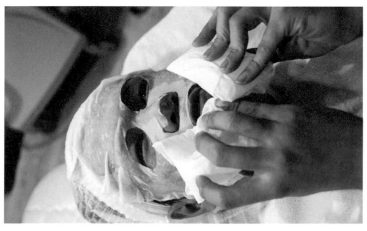

雷射治療這療程必須由專業的醫生執行，醫生會看皮膚狀況設定雷射的強度，而整個療程過程中，會感受到雷射打在臉上的灼熱感跟微微的刺痛，但整體還算是可以忍耐的範圍，整趟過程都可以聞到些些的焦味！打完後全臉都會有灼熱感，紅腫緊繃，所以冰敷會減輕這些不舒服的症狀。

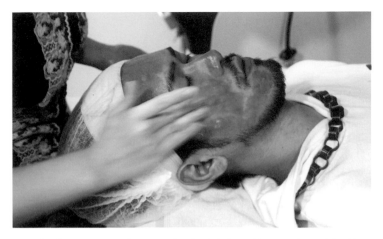

整個好像嚴重晒傷的發紅，然後美容師再做一個術後的保養，以減輕皮膚的漲熱。而術後這幾天保養是最為關鍵的時候，必須做好防曬跟保溼，比較不會有皮膚反黑的情況，所以前幾天多冰敷會對減輕皮膚紅腫的症狀，而這陣子皮膚會比較乾燥敏感，也需做好保溼工作，並且盡量用冷水洗臉，也會舒緩臉部的不適。

做完這次療程後，需要在三週後才能再做第二次，大概還需要三到五次才會有比較顯著的改善痘疤效果，不過經過這次之後我覺得比較明顯的是膚質的改善，比較沒這麼暗沉以及毛孔髒污，有著痘疤困擾的朋友也可以試看看。

part 5

Work & Life
享受時髦的生活

享受時髦的生活

從生活中散發出男人味

上班前的準備

記得有看過篇相當有趣的漫畫,是在描述男生女生上班前的不同,女生總是早早就起床開始打扮,而男生總是要睡到最後一刻才開始飛快的準備,相當有趣卻也十分寫實,就連我自己也不例外,不過這麼匆忙的出門,總是會發生忘東忘西的糗事,所以也讓我想到了可以在前一晚睡前先想好明天要穿什麼,運用先前提到的搭配聯想法,先想個最想穿的單品再來組合其他單品來搭配就可以了,當然需要穿制服上班的朋友就省去這個麻煩。

很多跟我一樣騎機車的朋友一定會有著髮型上的困擾吧，安全帽一戴上去髮型都被壓壞了，所以最後我都變成把髮蠟帶著到公司再抓頭髮，不過其實現在整髮料都非常厲害，安全帽壓過再稍微整理一下，又能恢復完美的造型，長度比較長的朋友，可以先把瀏海往後撥再戴上安全帽就可以，但是要記得定時清洗安全帽喔，不然每天這樣戴下去，整髮料的殘留可是很髒的，對頭皮都是一大傷害呢！

而該如何用最佳的狀況，面對上班或是上課等一天的挑戰呢？除了晚上的保養之外，一天開始的清潔等等程序也是非常重要，才能讓自己有著好氣色好口氣來迎接嶄新的一天，而因為空氣的髒汙以及紫外線的傷害，做好防曬隔離的工作是非常重要的，不管是搭乘大眾交通工具或是自行開車的朋友都是喔，紫外線是無所不在的，而清潔、保養和防曬做好就可以擁有好氣色，再把服裝髮型打理好讓自己整齊清潔再噴個香水，絕對會有著一個人見人愛的 good look！

AD's Perfume

香水

香味或許可以代表一個記憶、一個風格，藉由體溫溫度散發前中後味，三種不同層次感的味道，所以我蠻喜歡買香水的，可以根據每天不同的心情，不同的穿著去搭配不同的味道，而身上散發出香香的味道也是種禮貌，所以香水也是值得各位朋友購買的單品。

而香水噴在脈搏跳動處都很適合，我個人是會先噴在手腕的脈搏後再輕擦耳背和脖子，這樣香味就可以隨著脈搏散發，注意喔！噴腋下或是容易出汗的地方是錯誤的方法喔，不要以為這樣可以遮蓋味道，其實反而會和臭味混合形成非常不舒服的味道，在那些地方應該使用體香劑。

風格與香水

雖然說香味沒有形體，但是當你聞到一個香味時，會自己辨別這是一個什麼種類的味道，成熟或是清新等等，而這就是味道的魔力，味道也是一種印象感覺 。不同風格的搭配也可以配合適合的味道來使用，這邊就為大家介紹一下吧！

◀穿著休閒的打扮出遊的日子，適合噴柑橘花香調跟海洋香調的香水，味道很清新舒服，推薦 Davidoff 的冷泉。

◀成熟風格的打扮的時候，適合東方調，味道神秘成熟而有魅力，推薦 CHANEL Allure Homme Sport Cologne。

▶夜店或是一些夜生活的場合，可以使用一些味道比較濃烈特殊香氣的香水，讓人印象深刻，一樣適合東方調，推薦 Givenchy Play Intense。

▶一般時刻或是約會，我喜歡噴中性的香水，輕鬆自在沒有負擔，推薦 Dolc&Gabbana Light Blue。不過使用香水量要控制，噴太多太濃郁也不好。

包包裡
有什麼

雜誌上常會有個有趣的單元,突擊一些時尚
名人看看包包裡面到底裝了哪些東西?是不
是有些什麼有趣的小物,或是很實用的單品,
都可以讓我們學習一下他們的流行感,也可
以看出他們現在在關注些什麼!或是最近流
行些什麼。

我個人不喜歡把小東西例如錢包等等放在口
袋裡,會讓口袋鼓鼓的不太好看,所以我就
非常喜歡大包包,可以把所有東西一股腦都
裝進去,且男生帶大包包也蠻好看的,所以
我的包包幾乎都相當有份量(笑)。

包包
大公開

知道大包包的好用了吧！裝這麼多東西下去還是綽綽有餘，不過有點重就是了！哈！

1. **單眼相機**：因為在拍它們所以就沒辦一起入鏡啦，我隨身都會帶著單眼，記錄生活一些點點滴滴，或是看到什麼不錯的風景就會拍下來，隨身攜帶才不會錯過，也因為包包夠大，攜帶上不會太勉強。

2. **錢包**：這是必備的東西吧！不然哪都不能去了！

3. **髮蠟**：因為常騎車關係，我都會到公司才開始抓頭髮。

4. **鑰匙**：不然就不能開店跟回家了。

5. **化妝包**：因為工作關係必須保持好臉色，化妝也是每天必備的。

6. **iphone**：我相當喜歡的 3C 產品，除了電話和聽音樂之外也很多功能。

7. **雜誌**：有時如果坐大眾運輸工具，就可以把握機會閱讀充實自己。

下班後的去處

其實我不太算晚上常出去的人，因為工作關係下班都已經晚上 11 點多，其實也是相當疲累了，也沒有什麼精力再去做夜生活的活動，加上周遭朋友也是差不多習慣的，所以最常大概就是三五好友一起吃的東西或是唱歌吧，偶爾可能有什麼大型的電音派對才會一起參加。

聚餐：

偶爾打打牙祭跟三五好友一起聚餐，大概是消除工作疲勞最好的辦法，也可以好好跟朋友連絡一下感情。

唱歌：

唱歌也是大夥常做的下班後娛樂，能唱能吃又能抒發壓力，還可以看看誰又耍心機偷練了新歌 。

派對：

如果有百大 DJ 來台灣開電音派對，朋友們可能都會一起出席，因為大家都相當喜歡電音，也可以跟朋友一起齊聚一堂舞動一下身體，享受音樂帶來的饗宴。

到家後的放鬆

回到家後其實就喜歡開著電腦上網看看，聽著音樂放鬆一整天的工作辛勞，而自己常看的網站也都是一些流行的網站，看看一些新的時尚或是設計，有沒有新的東西可以跟朋友們分享。

常看的流行雜誌

mens non-no：日本相當長青的流行雜誌，可以在上面學到很多搭配的技巧 。
SENSE：這本比較著重在單品的介紹，不過攝影都很有看頭。
WFM、gap MEN：當季最新的時裝秀圖，可以看看伸展台上的知名設計師為這季帶來什麼流行的注解。

除了這些偶爾還會打一下電動吧，其實就跟一般人一樣，沒事也是常常宅在家裡打電動，PS3 或是現在正夯的星海爭霸 2，跟朋友一起連線也是挺有意思的。

其實我覺得學會打扮是種工具，它可以讓你更得體，也可以讓你更知道自己要什麼，省去買錯衣服的學費，而生活上多接觸一些流行資訊也是一種新知、一種樂趣，enjoy your life!

常去的網站

1 LOOKBOOK：http://lookbook.nu/ 網站是封閉式會員制度的，必須要通過審核或是會員邀請才能加入，上面有來自全世界的高手分享自己的穿搭，然後會由會員打分數你的穿搭，相當多不錯的搭配以及攝影技巧可以觀摩，很榮幸自己有被選入每月介紹的人物。

2 style-arena.jp：http://www.style-arena.jp 東京流行最速報，每周都有東京五大區原宿、涉谷、表參道、代官山和銀座的型人街拍，可以零距離的欣賞東京最新趨勢和街頭的流行資訊，搭配也是相當值得欣賞。

3 hiphoper：http://www.hiphoper.com/ 韓國的流行網站，也是每周都有型人的街拍，當初在韓國就是被這網站街拍。

4 FASHION.PEC：http://www.fashion-pec.com/ 台灣的街拍網站，相當認真也可以看到台灣各區型人的穿搭，推薦！

5 Carvenus.com：http://www.carvenus.com/ 流行資訊網站，除了流行之外也相當多設計跟生活的單元新知。

6 Face Hunter：http://facehunter.blogspot.com/ 國外的街拍，知名街拍攝影師 Yvan Rodic 的 BLOG。

7 GQ：http://www.gq.com/?us_site=y 知名雜誌 GQ 的網站，介紹國外最新的男性流行資訊。

8 core77：http://www.core77.com/ 設計、建築相關的文章跟論壇，資訊相當豐富。

9 FACEBOOK：http://www.facebook.com/ 當紅的臉書，掌握朋友的即時動態。

10 我的無名小站：http://www.wretch.cc/blog/addlov 有什麼新的想法穿搭資訊，我都會在上面跟大家分享。

網友最愛問 AD 的 **15** 個問題

Q1. 是受到什麼刺激才減肥的嗎？是為了要交女朋友嗎？

A. 其實一切都是偶然，原本對自己胖也不以為意，打算就這樣一直墮落下去也沒差，直到當兵被操瘦了一點，才意識到自己也可以瘦下來，可以把衣服穿得好看才開始持續地減肥到今日。

Q2. 減肥好難阿！可以吃減肥藥嗎？

A. 是的！減肥真的很痛苦，大吃還比較快樂，但是沒辦法為了想要有好的身材，就必須克服對食物的慾望，堅持是減肥的不二法門。另外，減肥藥較不推薦，因為裡面有什麼成分自己也不知道，可能會傷害身體之外一，停藥復胖的速度也是非常快的。

Q3. 減肥後對自己有什麼樣的改變？

A. 大概是能穿得下小尺寸的衣服吧（笑），哈說笑的，不止衣服方面，瘦身對我來說算是人生一個重大的改變吧，也讓自己對流行產生興趣，甚至變成現在自己的職業到今天能出書，這也是意想不到的事情，另外也比較敢嘗試各種不同的搭配，不過內在上就沒有什麼影響，可能多了些自信，還有被網友叫做胖子救星吧！

Q4. 當初怎會想寫 BLOG ？

A. 退伍後是人生的一個新的階段，想說開始記錄生活，就好像寫日記一樣，也紀錄一些自己穿衣的照片跟網友分享，但沒想到自己分享的東西受到大家不錯的迴響，就更努力去分享一些穿搭的東西和網友一起討論。

Q5. 怎麼會開始對打扮有興趣呢？

A. 因為一條牛仔褲開始，瘦下來後發現自己可以穿小尺寸的牛仔褲，而且穿起來還不難看，原來自己也可以跟流行沾上一點邊，就開始摸索看流行雜誌，和 PTT 的搭配版，就越來越有興趣到今天。

Q6. 我也好想像你一樣有型！但我該怎做？

A. 其實有這想法，現在開始努力一定可以，看我以前都做的到了，你也絕對可以！但不只外在的改變，內在也要不斷充實喔！可以先多多看雜誌或是觀察路人，如果有也喜歡打扮的同好就更棒了，互相討論總是可以激起很多火花的。

Q7. 請問你會不會花很多錢在買衣服上面呢？

A. 我五年前開始注意流行的時候，那時資訊比較不豐富，很多都要靠自己摸索，所以也走了不少冤枉路，不過現在資訊很多了，而且也很多人分享自己的穿搭心得，多看多學，慢慢找出自己的風格，新舊單品混搭也就不用花很多錢了。

Q8. 該怎麼去找出適合自己的風格呢？

A. 其實一開始可以先從模仿開始，看雜誌或是名人找自己喜歡的風格嘗試看看，看鏡子中的自己是不是你要的樣子，多多嘗試就會知道自己適合什麼了，但不要盲目地跟隨流行。

Q9. AD 的鬍子看起來又多又有型到底是怎麼留出來呢？

A. 其實這點我也很難回答，因為鬍子這東西先天因素比較大一些，但有些人說經常刮鬍子會比較粗長比較快些，或是日本也有相當有趣的產品，假鬍子有機會可以試看看。

Q10. 我身邊都沒有這樣愛打扮的朋友，不知道這樣穿會不會很奇怪？

A. 其實不會的，就從你自己開始做起，讓自己更有型也是非常棒的事情，就從自己開始推廣吧！

Q11. 化妝會不會讓人感覺很娘呢？

A. 其實你把它看作是修容就好，而男生修容的重點在遮瑕，其實淡淡的不會太明顯，不用畫到像女生那樣，也就不會奇怪了。

Q12. 怎麼會想從工業設計轉行呢？

A. 一開始只是一個工作的結束，想説休息一下補個習然後就去服飾店打個工，就意外的踏入服飾業，後來就跟兩個朋友開始先從網拍做起，因為大家都是喜歡打扮的，但也覺得選擇太少，就想自己投入這塊行業，讓更多朋友有更多的選擇。

Q13. 我也好想做服飾業喔！需要什麼資格嗎？

A. 服飾業其實需要很多熱情的投注，長時間的工作其實沒有想像的這麼光鮮亮麗，而且也必須掌握更多的流行趨勢，藉由自己的專業讓客人挑到適合他的衣服，讓客人能夠變的更好

Q14. 你有最喜歡的國家或是流行聖地嗎？

A. 日本。走在日本街道總是讓人感覺真的像是置身在流行雜誌場景，而且日本也是很好血拼買東西的國家。尤其是代官山、新宿、原宿。

Q15. 有最推薦的服飾品牌嗎？

A. 目前當然是最推薦自家品牌（笑）。另外，UNIQLO 是我認為很好上手的一個品牌，剛好最近日本的 UNIQLO 進駐台北，讀者不妨可以試試看，因為 UNIQLO 單價不高、款式又多，很容易就可以挑選到適合自己的衣服。

後記

這大概是我有生以來第一次打這麼多文字吧，對我來說文字表達實在是很不擅長的地方，而也因為只能利用下班後的時間來完成它，因此拖了不少時間才完成，讓很多期待的朋友等了一下真是不好意思，而如果書中有什麼各位還覺得不足夠地方都可以給我建議，或是跟我討論，大家一起精進。

特別感謝

很感謝高寶出版社的 Sophie 小姐給我這個機會，讓我能夠把自己的心得變成書跟大家分享，也很不好意思，我一直拖稿，還對我不厭其煩的督促沒有放棄我，終於千辛萬苦之下把它給完成了，謝謝！這本書最該獻給妳！

非常感謝兩位美女 COCA 跟小沛幫我拍書中的搭配照片，謝謝你們！也謝謝幫我示範的朋友 NICK&JOCO ！

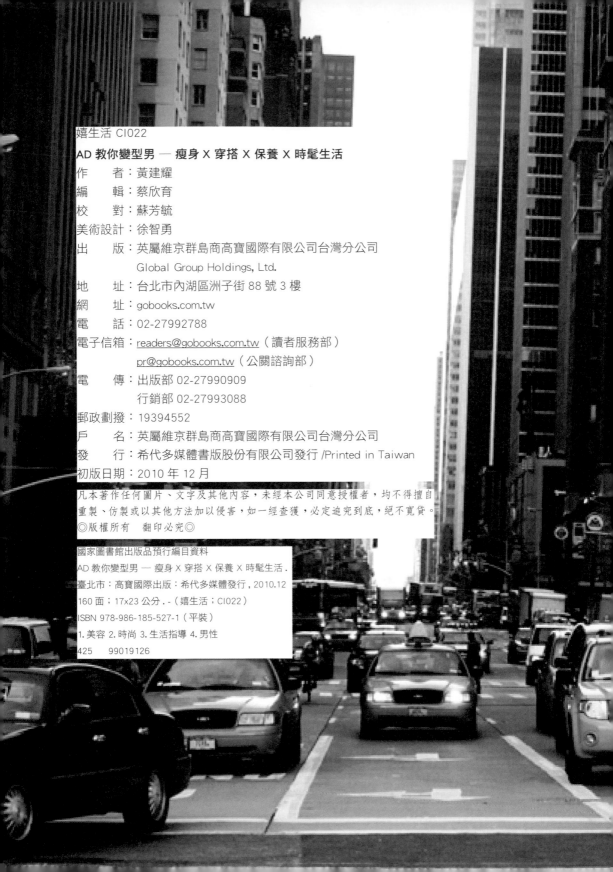

嬉生活 CI022

AD 教你變型男 ─ 瘦身 X 穿搭 X 保養 X 時髦生活

作　　者：黃建耀

編　　輯：蔡欣育

校　　對：蘇芳毓

美術設計：徐智勇

出　　版：英屬維京群島商高寶國際有限公司台灣分公司
　　　　　Global Group Holdings, Ltd.

地　　址：台北市內湖區洲子街 88 號 3 樓

網　　址：gobooks.com.tw

電　　話：02-27992788

電子信箱：readers@gobooks.com.tw（讀者服務部）
　　　　　pr@gobooks.com.tw（公關諮詢部）

電　　傳：出版部 02-27990909
　　　　　行銷部 02-27993088

郵政劃撥：19394552

戶　　名：英屬維京群島商高寶國際有限公司台灣分公司

發　　行：希代多媒體書版股份有限公司發行 /Printed in Taiwan

初版日期：2010 年 12 月

國家圖書館出版品預行編目資料

AD 教你變型男 ─ 瘦身 X 穿搭 X 保養 X 時髦生活 .

臺北市：高寶國際出版：希代多媒體發行 , 2010.12

160 面；17x23 公分 . -（嬉生活；CI022）

ISBN 978-986-185-527-1（平裝）

1. 美容 2. 時尚 3. 生活指導 4. 男性

425　　99019126

憑 此 卷 消 費 滿 千 送 百

實體店面與網路商店皆可使用

單一特價商品均不在此活動中

臺北市大安區忠孝東路四段205巷29弄4號1樓

http://tw.user.bid.yahoo.com/tw/booth/immense_tw

服務電話：(02)8771-3032